U0050376

美少女
電腦繪圖技巧
實力提升

Aki Ito

■

本書為1999年2月上市的「美少女電腦繪圖技巧」(技巧1)的續篇，其實在上一本書完成後，作者我便決定編寫本續篇，在此仍延續上一本書的模式，即匯集刊載許多活躍於網路的GC作家，其各自的繪圖方式。

至於有關於網路上的各種電腦繪圖資訊，最常被閱覽的就是介紹每位專家獨特繪圖方式的「GC講座」，對於這些獨創的技巧，處處都充滿了感動，而為了讓觀賞後的人們能表達感想及詢問問題，以期待此類網頁能更發達，進而產生了新的CG作家，這也就是日本CG作家如此蓬勃發展的秘密吧!

此次我將介紹各個CG作家，深具特色且有趣的技巧，同時還介紹了除了Photoshop之外，結合Painter、Illustrator、 LightWave等軟體來進行創作的方法，這是本更能提昇實力的CG講座。

CONTENTS

KETAO(けたお)
●Painter, Photoshop / Macintosh
●http://member.nifty.ne.jp/ketao/

4

鈴木健一
●Painter, Photoshop, Illustrator / Windows
●http://www01.u-page.so-net.ne.jp/db3/fifth/

26

KIZUMIN
●Photoshop, LightWave / Windows
●http://www.kt.rim.or.jp/~kazumin/

48

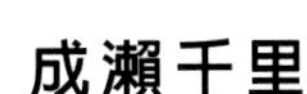

成瀬千里
●Painter, Photoshop / Windows
●http://www.netlaputa.ne.jp/~naruse/

68

加藤
●Photoshop / Windows
●http://www.mars.dti.ne.jp/~naitou/

92

砂原真琴
●Painter, Photoshop / Windows
●http://www.ymg.urban.ne.jp/home/hybrid/

112

悠紀小綿
●Photoshop / Windows
●http://www.ky.xaxon.ne.jp/~kowata/

128

Ketao

KETAO(けたお)

KETAO WEB GALLERY
http://member.nifty.ne.jp/ketao/

自我介紹

【筆名】........ KETAO
幫GAME中的人物取名字時，總是取這個名字。
【本名】...........秘密
【生日】........... 19××年 1 月 21 日
【住所】............大阪
【戶籍】............金澤

使用的機材

【主機1】
Power Macintosh 4400 / 200
CPU　　POWER PC 603ev / 200 MHz
MEMORY　　144MB
HDD　　2G ＋ 4.3G

【螢幕】
21 Inch

【影像解析度】
1152 ×870（32000 色彩）

周邊機器

【繪圖板】
image PAD TWO
吐司尺寸大小

【掃描器】
EPSON GT － 5000

使用軟體

Painter 5.5
Photoshop 5.5
Illustrator 8.0

1. 開始

完成預定草圖

確認完成後的影像

本次所介紹的作業過程，是從完成草稿後開始。先將人物一個一個分開畫，最後再將3人合成，可使用電腦假設性合成草圖。

2. 主要人物的作業過程

桌上作業

● 完成草稿

▲首先從主要人物的最前面女孩開始著手，而先以筆打草稿。

▲完稿後的情況。大多時候並不打稿（ ^^ ; ）

Photoshop上的作業

● 讀取畫像後，使用Photoshop中的Levels(色階)

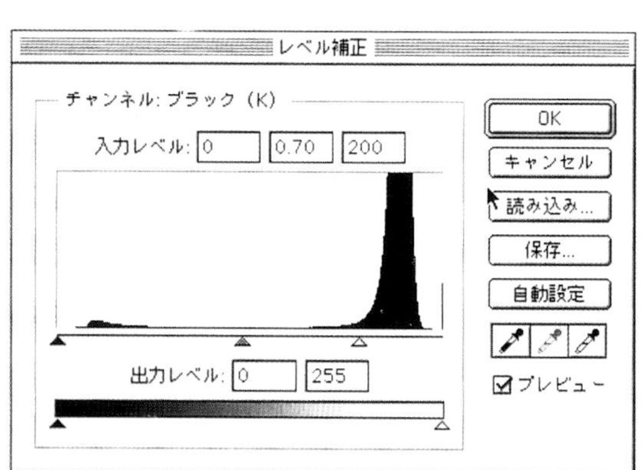

以灰階形式讀取影像。使用Photoshop的Levels(色階)讓線條更為清晰後，再消除污點。

線條的修正

以掃瞄器讀取畫稿後，先修正影像讓線條更清楚。因為紙張及掃瞄器本身的髒污也被讀取進來，因此需要加以消除。

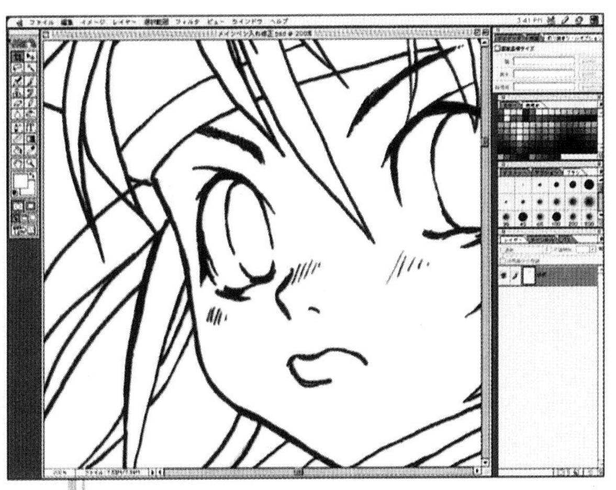

▲修正眼睛及頭髮等處的線條。

▲其他部分也以相同的方式消除污點。

▶已清除全體的污點，完成主線條。

● 線條的修正

以灰階讀取的畫像，上色時需在RGB形式下進行。接著將影像變換成圖層，那麼之後進行Painter的作業時，便可保留住主線條。

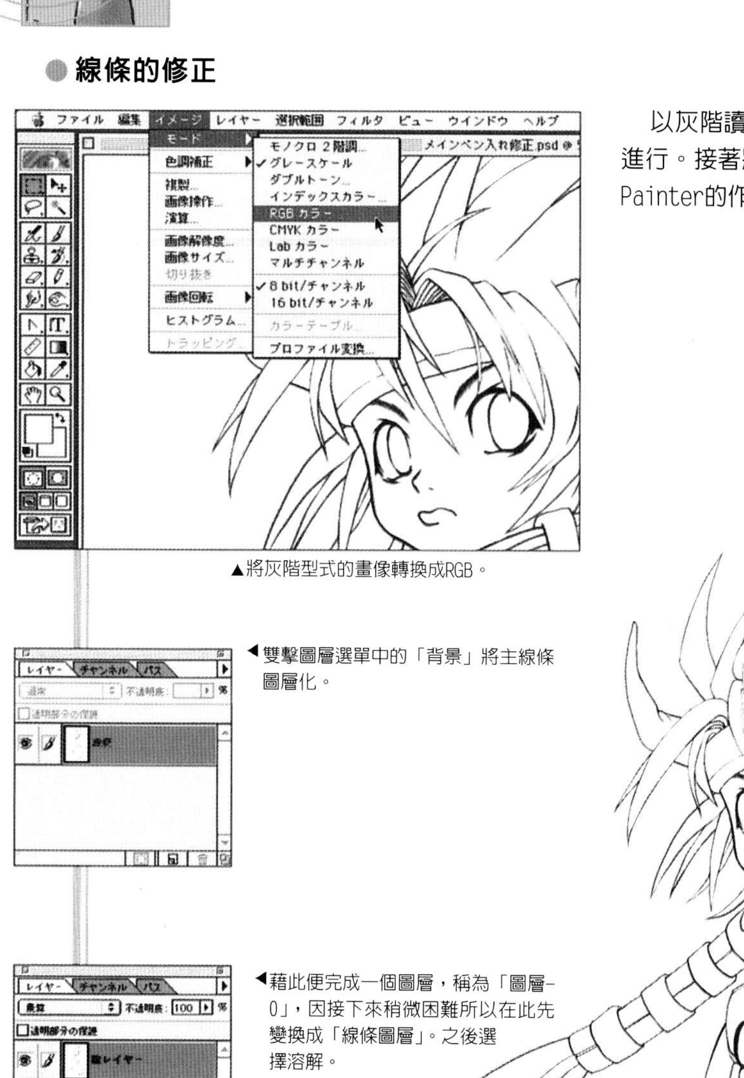

▲將灰階型式的畫像轉換成RGB。

◀雙擊圖層選單中的「背景」將主線條圖層化。

◀藉此便完成一個圖層，稱為「圖層-0」，因接下來稍微困難所以在此先變換成「線條圖層」。之後選擇溶解。

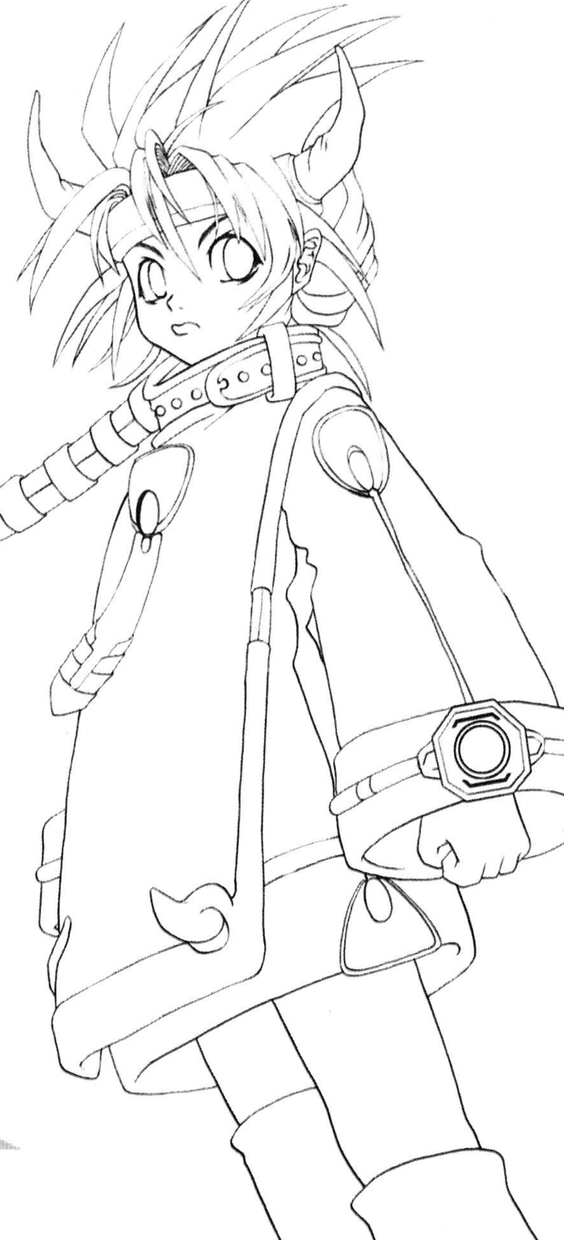

▶ 因接下來的作業使用Painter，所以先暫時保存現階段的影像。

Painter 上的作業

使用水彩填色

▲於Painter下開啓檔案，選擇筆刷中的水彩細筆，將控制 ： 筆刷工具的粗細設定為0%。

本次將使用Painter的水彩填色，但水彩只能畫背景。因「線條圖層」在Photoshop中已進行溶解，因此經由此圖層便能看見背景。此階段應以便於區分為原則，概略且快速著色，不需太在意細節。

▲以能概略區分為準加以著色，溢出線外也無妨。

▶ 大致上已全部上色的狀態。

描繪（臉部）

以剛剛概略著色的影像為基礎，先從臉部開始進行。

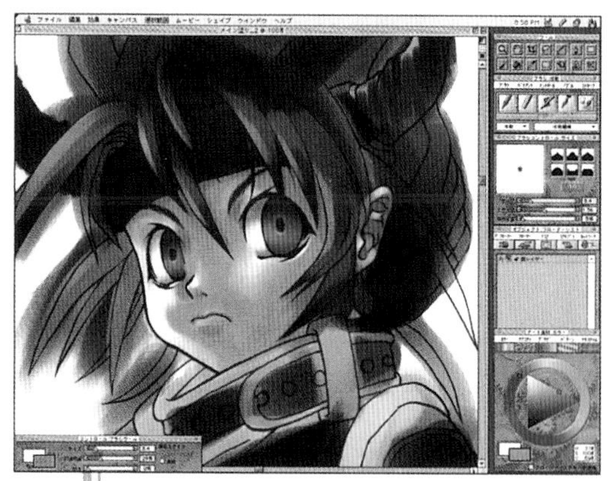

▲待全體顏色決定後，可開始描繪細部。通常我都是從臉部開始進行。

▲大致上臉部已上完色。

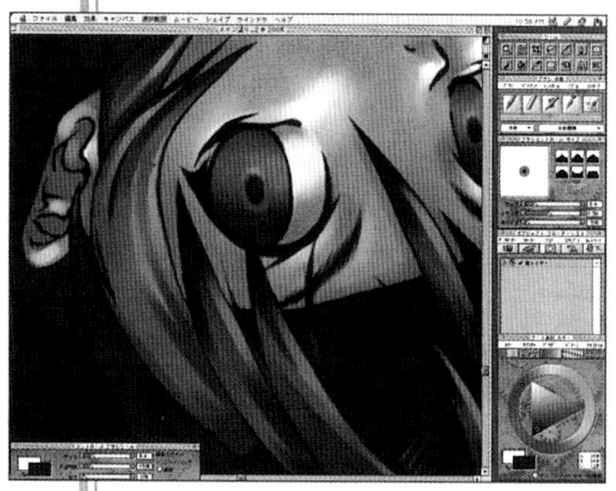

▲對於不易上色的部分可邊倒轉影像邊著色。

▲臉部著色已結束。

● 描繪（服裝）

◀描繪衣服。

接著移往臉部以外的地方，在此先完成服裝部分。基本上著色方式與臉部相同。

▲服裝著色已完成

◀不停的上色（笑）

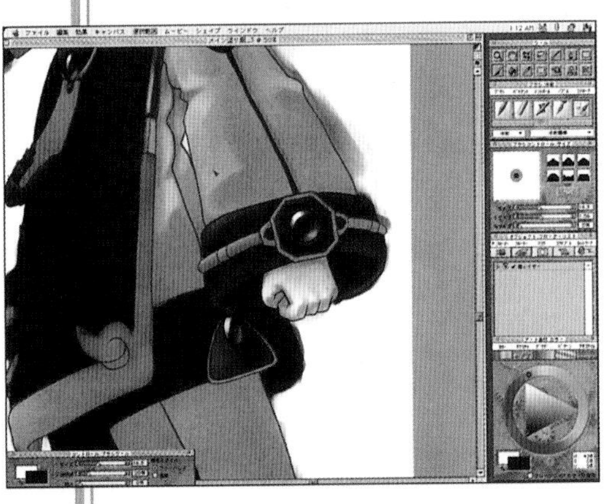

◀不停的、不停的上色（笑）

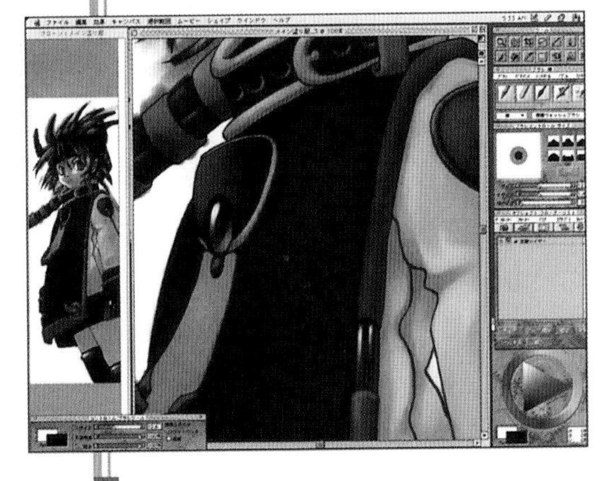

◀使用水彩時無法利用滴管工具取得顏色，因此需製作調色盤或以「檔案」→「拷貝」作成複製影像，然後再以滴管工具邊取顏色邊描繪。

完成、儲存

上完色後儲存。往後若打算在水彩著色視窗下進行修改，請預先以RIFF的格式儲存。因接著將在Photoshop下進行，所以實際上需改為Photoshop的形式。

▲當細部的著色完成後，應進行「畫布」(「乾燥」讓水彩乾掉。另外以水彩描繪時需使用RIFF儲存檔案，因為使用Photoshop的形式會乾掉，使得利用水彩刪改時將增加困難度。

▶ 於Painter上的作業已完成。接下來的作業將使用Photoshop，因此請在Photoshop的下儲存。

再度使用Photoshop

製作主線條圖層

在Painter下的上色只有「背景」部分被著色。因「線條圖層」仍保持原狀，所以在此便加以利用，將線條以外的部分作成一透明圖層，在此需使用「色頻視窗」。

▲將主線條複製&貼上於新增的色頻。

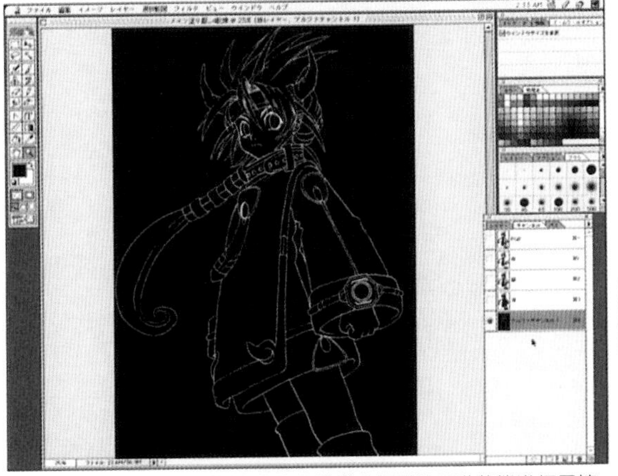

▲對以主線條為基礎的頻道的和諧狀態進行反轉。

▲按一下色頻左下方的「讀取選擇範圍」，使主線條呈被圈選狀態。

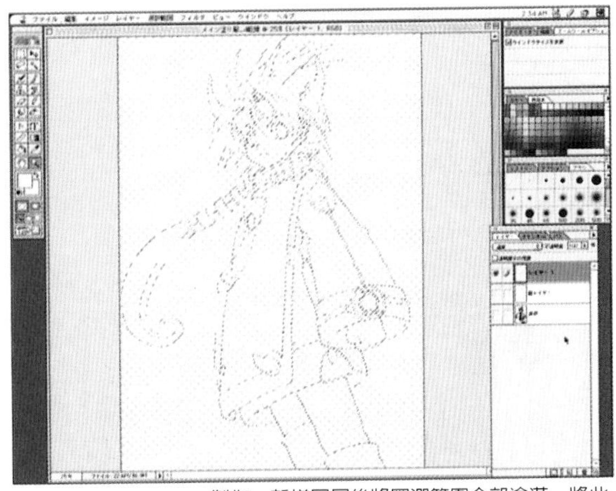

▲製作一新增圖層後將圈選範圍全部塗滿。將此圖層命名為「只有主線條」。

▲只有主線條的圖層已完成。

遮色片（裁切人物）

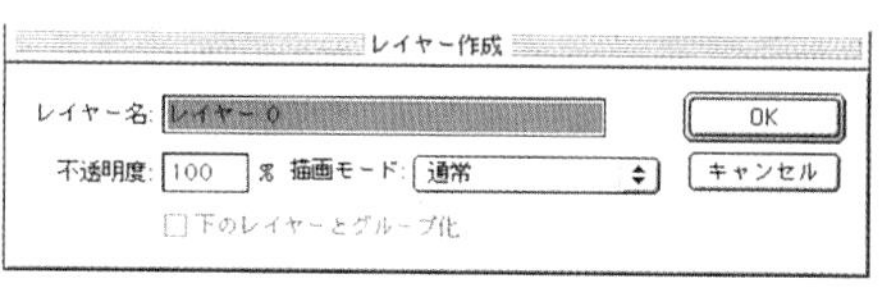

▲使用Painter水彩著色的部分，移轉至Photoshop後便成為背景，因此快速敲擊背景二下作成圖層，將檔名改為「著色」。

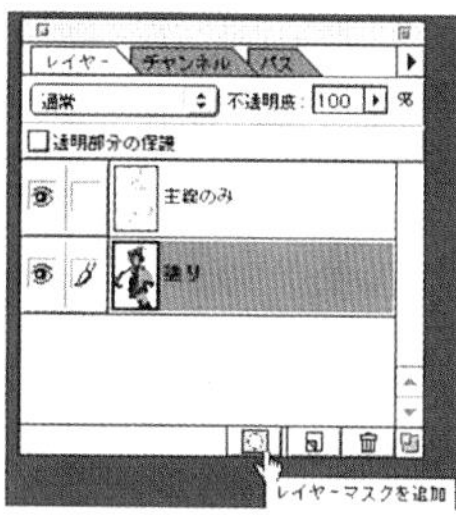

▲敲一下圖層浮動視窗下方的「增加圖層遮色片」，做一遮色片。

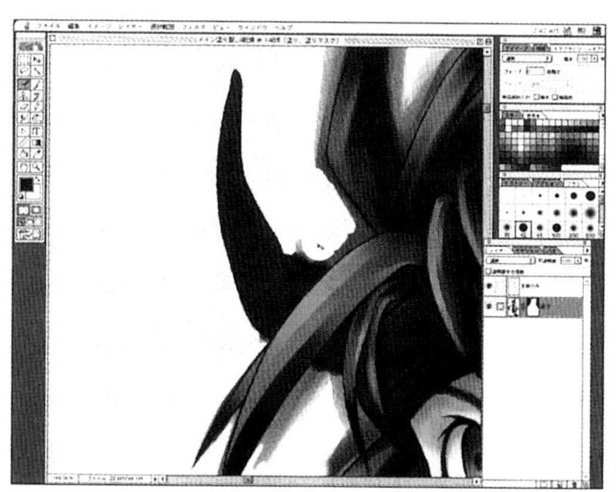

▲在遮罩中使用黑色可擦掉影像，白色則能使影像復原，因此請小心清除影像的周圍。

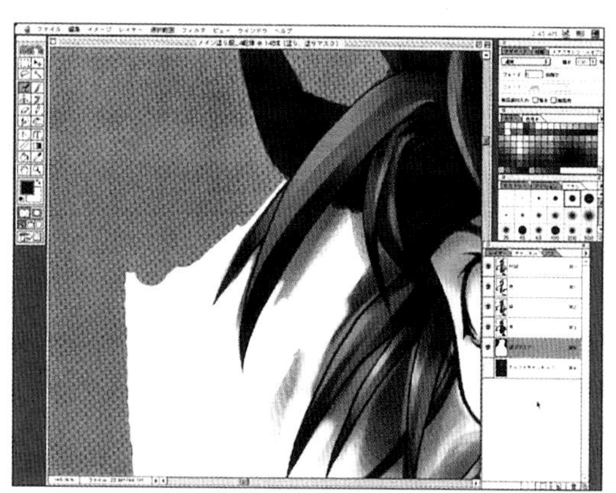

▲不易分辨時可在色頻中顯示遮色片，使已消除部分顯現顏色。

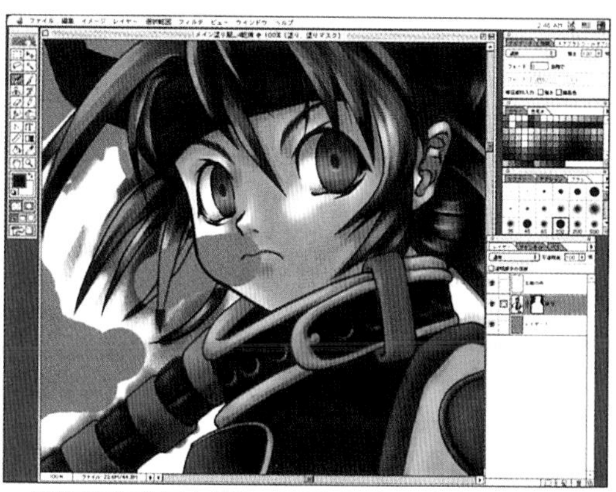

▲於著色圖層的下方新增一個顯色圖層後，較能清楚發現色彩溢出的部分。

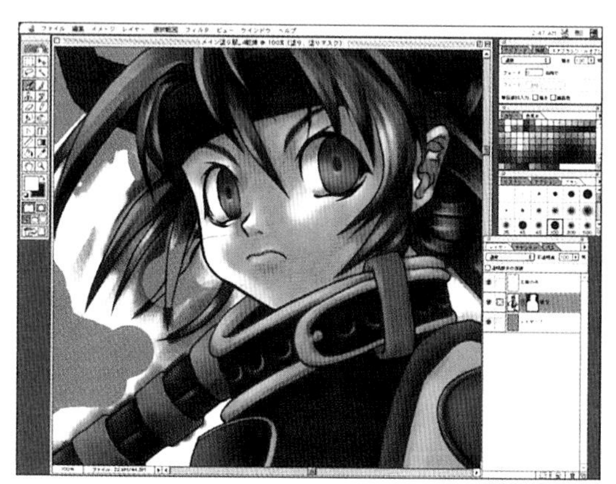

▲對於不小心擦掉的地方可以白色塗擦罩便可復原。

▲全部遮色片部分已告完成。

利用Photoshop及Painter 追加修正

追加修正

▲為表現光線的強弱，可使用「加亮工具」及「加深工具」加入光線及陰影。老實說在此對於溢出的顏色不太滿意，因此決定再次開啓Painter加以修改。
因目前已為乾燥狀態，故不使用水彩而是筆刷工具中的極細毛筆及水筆。

眼睛的描繪

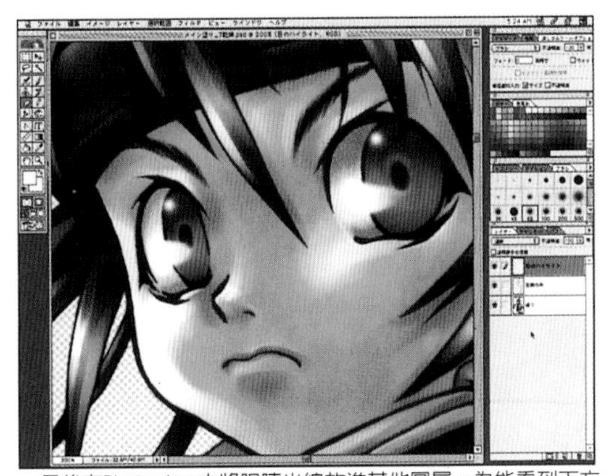

▲最後在Photoshop中將眼睛光線放進其他圖層。為能看到下方需降低圖層的不透明度，此圖層需進行「重疊（overlay）」。

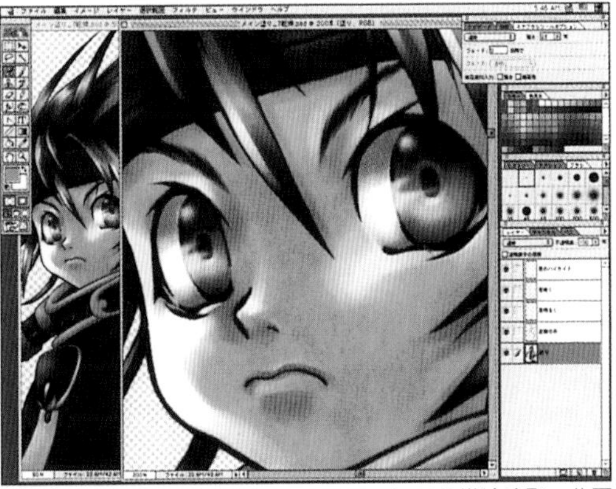

▲為表現光線的強弱需再新增一圖層，以黑色描繪陰影。此圖層也需進行「重疊」。

加進文字後主要人物完成了

使用Photoshop來完成。此處在衣服的肩膀及胸前的佩件上加入標誌，如此一來就更炫了。

▲利用文字工具於衣服的佩件上加入標誌。順便一提，此標誌為敝校的校名(笑)。

▶ 主要人物完成後的狀態。

3. 背景人物的製作(格鬥)

● 線條畫像的製作

接著製作背景人物，因方法與前述的主要人物相同，故僅簡單的追加一些步驟。

▲線畫的處理方式與主要人物相同，此處為細部修正後的畫像。

● 人物著色

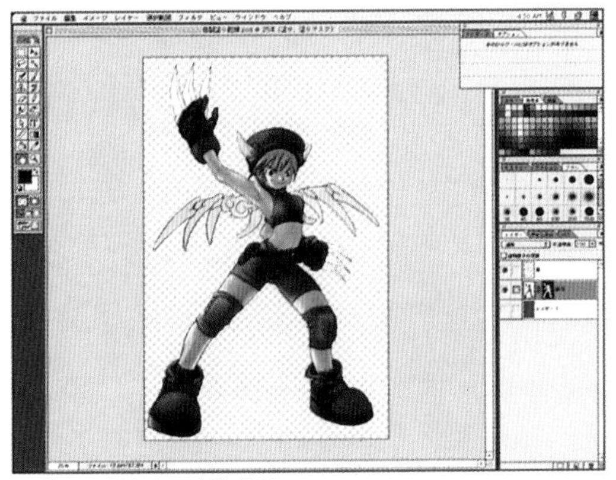

▲著色要領與主要人物相同。

● 線條畫像的製作

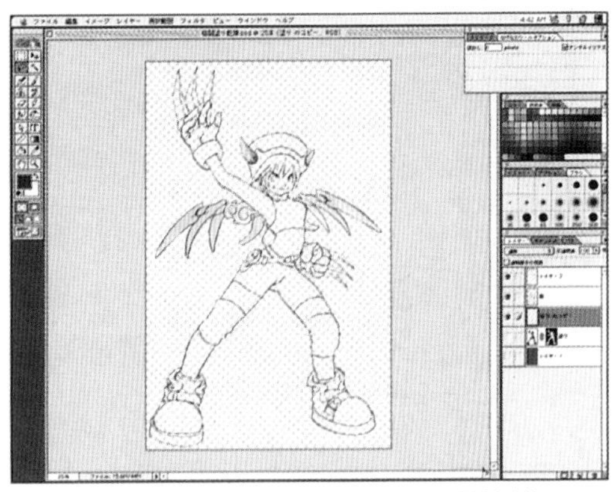

▲複製「著色」圖層後，可開始針對爪子及羽翼製造效果。

▲在羽翼中以黑、白加進陰影。

▲將色調曲線改為波浪型，將羽翼加入金屬感。

●線畫的製作

▲進行「影像」(「調整」(「色相 / 飽和度」後勾選色相統一，將羽翼變換成自己喜歡的顏色。新增一個黑色的「暫定背景」圖層，能使顏色變化更加清楚。

▲將塗好人物顏色的「著色」圖層中的爪子及羽翼消除。

▲將爪子及羽翼的圖層透明化。

▲重疊人物著色及羽翼、爪子後的狀態。

▶ 背景人物中的第一個人(格鬥)已告完成。

4. 背景人物(劍客)的製作

●線畫製作

▲線畫的處理方式與主要人物相同，此處為細部修正後的畫像。

●將劍透明化

▲因想製作一把透明的劍，因此在Photoshop中另新增一圖層，降低其不透明度。

▲色要領與主要人物相同。

●背景人物(劍客)完成

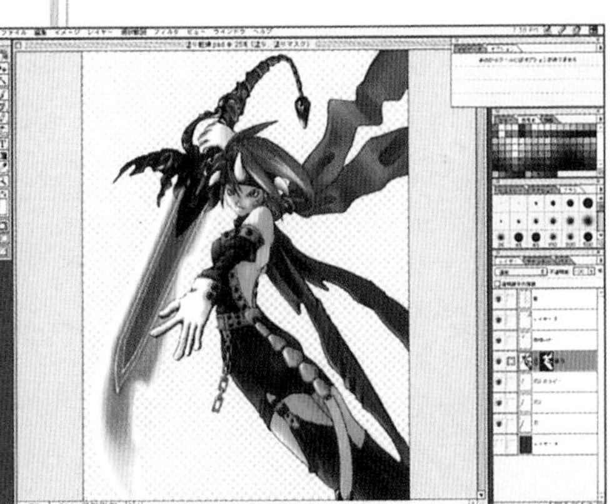

▲正在製作透明的劍，其方式與「背景人物(格鬥)的製作」幾乎相同。

第二個背景人物(劍客)已完成。▶

5. 合成作業

再度使用Photoshop

將先前製作的人物利用Photoshop進行合成，在此可提高當初以草稿合成影像的效果。

●製作主線條圖層

◀將背景人物置於較大的新增檔案中，中間稍微空出間隔各自使用遮色片。

▲使用「圖層」(「效果」(「陰影」製造人物的背景陰影。

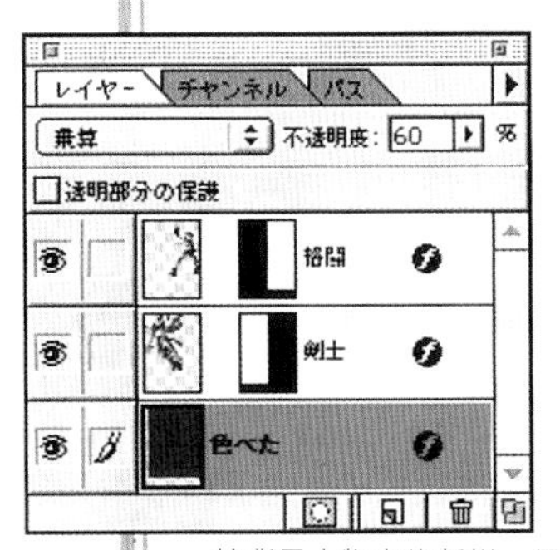

▲於背景人物之後新增一個紫色圖層。可稍為運用「圖層」(「效果」(「斜角及浮雕」之工具。

▲背景人物的位置擺設如上。

●背景人物的調整及背景製作

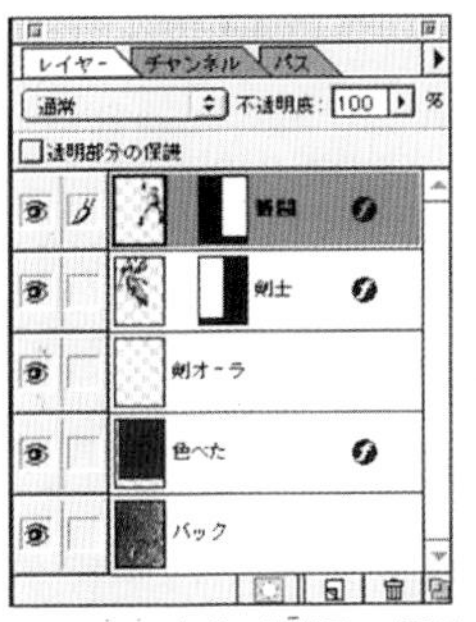

▲在最下方的「背景」置入石頭材質。為使劍能呈現發亮的效果，可在其他圖層使用噴槍以白色描繪。

●與Illustration素材進行合成

▲也可利用Illustration中的素材進行合成。

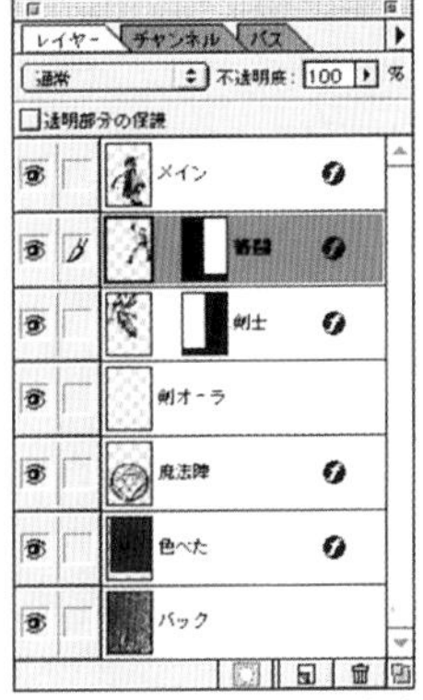

▲將主要人物、魔法陣(?)、背景全部合成後，發現主要人物與後方溶合，為能有所區分因此使用「圖層」(「效果」(「光暈(外側)」。另外魔法陣也可使用「圖層」(「效果」(「斜角與浮雕」稍微降低不透明度。

●細部的調整

▲降低主要人物後方類似咒文的透明度。此調整只顯示於這個圖層。

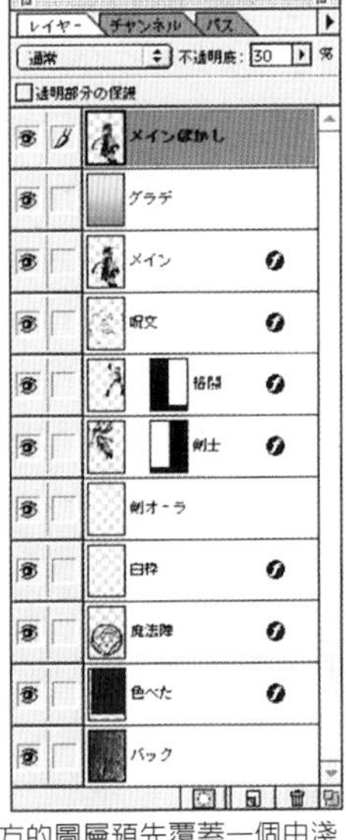

▲將主要人物模糊化後，作成圖層。在其下方的圖層預先覆蓋一個由淺奶油色至紫色的漸層。因為只想稍微製造一點點效果而已，故需降低不透明度。最後再快速的進行整體性修改而後完成。

6. 完成

▲完成後雖有許多地方需改善，但還是在此先告一段落。

GALLERY

GIGAS
GIGAS

Suzuki Kenichi

鈴木健一

自我介紹

【筆名】........ SUZUKI KENITI
【本名】.........筆名下面的名字
................同本名。
【生日】.........1970年 3 月 26 日

PAGE5
http://www01.u-page.so-net.ne.jp/db3/fifth/

使用的機材

【主機1】
EPSON DIRECT EndeavorPro500L
Graphics Board 是MillenniumG400、32MB

CPU	PentiumⅢ (500 MHz)
MEMORY	512MB
HDD	內裝13GB
	OS為Windows98SE

Graphics Card MGA Millennium 4 MB
原本安裝的原裝貨已經壞掉了，之後再換裝的4.3GB也壞掉，所以這已是第三台(流汗)。

【螢幕】
飯山電器的17 Inch 螢幕A702
DOT PITCH 0.25mm

【影像解析度】
1280 ×1024 像素
32 Bit Color

周邊機器

【繪圖板】
Wacom 、intuos 600

【掃描器】
Canon 製
USB接續型 600dpi

【印表機】
Alpha MD5000

【MO】
內裝230MB型

【CD】
32倍速內裝CD - ROM光碟機及增設寫入4倍速、讀取8倍速的CD - R光碟燒錄器。

使用軟體

Painter 5.0
Photoshop 5.0
Illustrator 8.0
其他

◆前言…

●介紹

大家好，我是SUZUKI KENITI。因為以前皆直接延用FIFTH 這個HANDEL NAME為筆名，所以講FIFTH或許大家會比較清楚。

搬來東京後便將工作用的機器全部更新。順便一提，照片中這位大帥哥並不是本人，他是相機的主人(笑)。

雖說如此，但在成為社會人後還是無法忘記一同渡過各種困境的Mac，當開始賺錢後，又想要購買Mac ....。

這次購買個人電腦時，大家提供許多寶貴的意見，真的非常感謝(^-^)。因為大家的幫忙，才會如此的順利，讓我禁不住的想高聲歡呼.........。

還有在Win98SE下使用G4000的Graphics Board時，請注意驅動程式(DRIVER)的版本。因為版本太舊的話，將無法配合而動彈不得，所以若勉強組裝最新版的英文驅動程式，可能會得不償失喔!

●想法

「想以自己現有的電腦嘗試性描繪連環漫畫，但卻不知從何下手?」，在本書的讀者中或許某些人會有此疑問。所以對於這些人，我想先從想法上談起。

所謂連環漫畫電腦繪圖的世界.........。或許因為牽涉到電腦繪圖，所以一開始大家便抱持著「好像很難耶....」的想法。不過，別害怕。實際上3DCG並不需要計算，所謂CG是種屬於著色繪圖的世界。因為電腦內部已準備好紙張與繪圖用具，因此需要配合那個世界的方式、操作順序，不過只要畫上2~3張左右自然會習慣。所以請抱持著「接下來便要改用數字來繪圖」的想法，放鬆心情、自自在在的進行吧!

●需準備那些軟體呢?

應用於2D平面繪圖的軟體可區分為兩大種類。

首先為「油畫系統」。此類軟體能將繪圖人所指定的顏色，一個一個塗滿畫面中的點(像素)。其實際使用感覺便是以滑鼠及繪圖板代替鉛筆及畫筆，直接畫進電腦中的紙張上。也因為這種操作感覺使得大部分的的漫畫式電腦繪圖作家皆使用此套軟體系統。

其次為「製圖系統」。在尚未習慣之前，對於這套軟體就只有一句話 --「天啊!這是什麼?」。其操作感覺簡直就是「以一支可以自由變換形狀的尺，便可畫任何圖畫」。貝茲曲線就被比喻成一把尺。但......在習慣之前....真的很難。

不過一旦上手後.......，便能輕鬆的做出超ㄅ一ㄤ的LOGO (標誌)。因為感覺上很難操作的關係，所以在漫畫電腦繪圖作家中，使用此軟體的比例較低。但是製圖所使用的材料卻簡單許多，其主要內容為指定座標、尺規的彎曲情況.....，還有不需考慮影像解析度，所以不論何種尺寸，其印出來的線條都非常的漂亮。

最後再來介紹我製作電腦繪圖時所使用的軟體。首先為Photoshop，其中應該介紹Retouch Soft，原本這套軟體是用於相片的加工，但在漫畫式電腦繪畫的製作上也相當的便利。

其次為Painter，這純粹是種油畫軟體，但因為高效能因此也被當作Retouch Soft來運用，Painter的最大特色為「畫材模擬裝置」，利用繪畫板當做介面，便能在電腦內的紙張上完全表現出水彩畫、油畫的工具以及鉛筆的特性。相反的，若沒有繪圖板則這套軟體便失去意義了。

還有一種就是Illustrator Soft，屬於製圖派。進行漫畫式電腦繪畫時，需設計文字、商標等物於Photoshop中合成，這些素材便可使用Illustrator加以製作。利用Illustrator製作素材時有個優點就是「解析度及尺寸不會受到影響」，因此才特別使用Illustrator製作素材。當單純地繪圖或設計商標時，幾乎所有的作業都能利用此套軟體。因為以文書處理器製作文章相當麻煩，所以在完全習慣其操作手續後，在以文書編輯輸入欲製作文章後，利用Illustrator加以編輯處理，便可輕鬆完成。從另一觀點來看，對於沒有繪畫才能的人是種相當便利的軟體。

為什麼囉囉嗦嗦的寫了這麼一篇冗長的文章呢?.......。因為第一次購買Mac時，便買了

製圖系統............結果大為失敗。而且當時還是社會新鮮人，所以只能以微薄的月薪分期付款.........(眼淚)。以當時的我的作風來看，應該只能使用油畫系統.........。當年還收留一隻貓咪、各種開銷也不斷增加...，嗚~嗚~..真的是......太貴了。

●實際操作

就只是畫線條、上色而已。

之所以說得這麼簡單，是因為多數軟體已能利用圖層這個功能(在Painter中稱為浮動層)，全是拜其所賜。

以繪圖板畫上適當的圖像(1)。在上色時，請先想想最初於Win下所使用的畫筆。當以此筆著色時，最大的問題便是「如何著色才不會破壞線條?」。以畫筆進行作業時必須很有耐心，特別是靠近線條的部分更要一點一點小心的上色，簡直是件讓人發昏的過程。

那麼，利用前述的「圖層功能」又會有何變化呢?所謂圖層功能是指能分開「線畫」圖層及「著色」圖層，各自作業(2)。如此一來，在著色時即使失敗，也因為圖層不同所以完全不受影響。雖然實際操作畫面，並無法從斜面來觀看，但作業視窗的內容，感覺上就像是從正面上色般(3)。

總之對於持有Photoshop而心急如焚的人，請預先以繪圖板製作或掃瞄線條畫。從「編輯」選單中選取「全選」，再使用「剪下」(畫面呈現空白)、「貼上」(恢復線條畫)。在圖層視窗中將線畫圖層設定為「色彩增殖」。完成後敲一下線畫下方的圖層，適度的上色。我想您可能正笑得合不攏嘴吧!因為這是最快速的方法，而且這全在電腦內部作業，所以無論紙張或畫具皆可無限制的使用，還有重畫幾遍，紙張也不會破破爛爛，因此請盡情的使用吧!

接著介紹的作業順序中將出現大不相同的方式，不過到此為止大家應已理解目前2D漫畫電腦繪圖中最最基本的部分。

如此便能習得繪圖能力，以親筆畫出自己所想表現的畫，這是非常重要的事。因我也不甚熟練，故仍在努力奮鬥中。有位高手曾說「純熟的畫與好畫是不相同的」，這是很正確的說法，當然我也期盼能畫幅永駐人心的好畫。

言歸正傳，充分瞭解軟體的基本用法也很重要，因此就從接觸開始。

無論如何請盡量的接觸，進行某些程度的「描繪、消除、著色」等作業。在技術的提昇上，對每項作品反覆進行實驗為一重要手段，所以有疑問的部分更需徹底的瞭解、實驗，運用於自己的作品之中。

最後一點，本書還介紹其他數位作家的作業順序。其實每個人對漫畫式電腦繪圖的作業順序讀解並不盡相同，因此多看、多參考，再從中學習最適合自己作品的技巧，我想這才是閱讀本書最理想的方式，請多多加油。

1

▲在繪圖板中畫上適當的畫像。著色時，第一個遇上的問題便是「怎麼著色才不會破壞線條畫像?」

2

▲使用圖層功能，便可將線畫及著色分開作業。

3

▲如此便能在不破壞線畫的情況下著色。

1. 完成原稿後掃瞄

●製作原稿

接著需決定畫些什麼。對我來說在最初階段應先假定完成時全體所呈現的均衡問題，重視氣氛的情況下開始描繪為最好的方法。至於細節部分可於最後謄清原稿時再確切的描繪。(4)
從本階段以後，整張畫的氣氛很容易產生變化，因此在作品完成前，幾乎都將草稿放在身邊。
從草稿到完成線畫的過程中，可分別使用各種工具來配合作品的氣氛，這也是方法之一。
想讓線畫更美麗時，可利用高解析度的繪圖板製作線畫或以Pen Tool做一路徑，藉以完成線畫....。想表現柔和的感覺時，可使用自動鉛筆，再掃瞄畫好的線畫。(5)

掃瞄時盡量以高解析度來讀取，那麼連極為細小的部分也能加以處理。尤其有印刷的打算時則須考量輸出的解析度，因此掃瞄時的解析度需比輸出時略高。本次是以灰階600dpi掃瞄A4原稿(黑白印刷時，先將完成影像資料值演點陣化，則印刷效果較佳)。

4

▲我在假定身體的均衡性及重視氣氛下開始描繪。

5

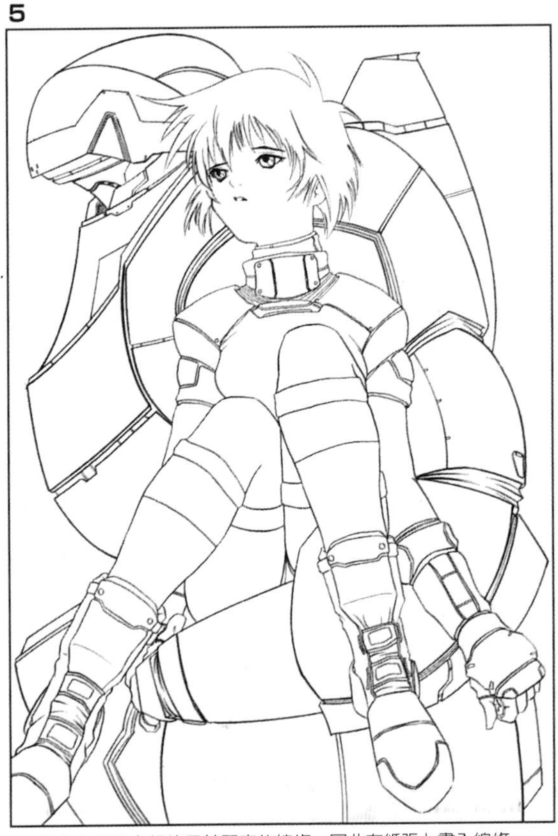

▲在本次作品中想使用較緊密的線條，因此在紙張上畫入線條。

2. 線畫作業

●調整及清除污點

接著先進行調整及清除污點方能做CG加工，在此以Photoshop為主。

使用調整是為了讓線畫強度保持於適當且良好的狀態。從「影像」選單中選取「調整」，然後再敲一下「色階」便會開啓一個對話方塊(6)。在「輸入色階」
的圖表下方有三個三角形。向左右方拖曳三角形，讓線畫強弱保持於適當且良好的狀態。

再來消除掃瞄時所殘留的污點。從「選取」選單中選擇「顏色範圍」，在開啓的對話方塊中有一黑色四角形，請將此部分視為目前正在作業中影像被縮小後的狀態。四角形的上方有個「朦朧」滑桿，表示其他相關顏色與選取顏色間的差距只要在此設定範圍內，亦納入選取的範圍。將數值設定為「0」後敲一下四角形，便會顯示被縮小的作業中影像。再敲一下預視項下的「白邊」後，按「確定」。在此狀態下一放大影像，就能清楚的看到呈現點狀的髒污。(8)

目前為「只選取白色部分」的狀態。邊按「Shift」鍵邊使用各種選擇工具，選取呈現點狀的髒污處。如此一來將轉變成「選取白色及髒污部分」的狀態，只要利用「Delete」便能簡單的清除污點。完成刪除後需從「選取」選單中選擇「取消選取」。

6

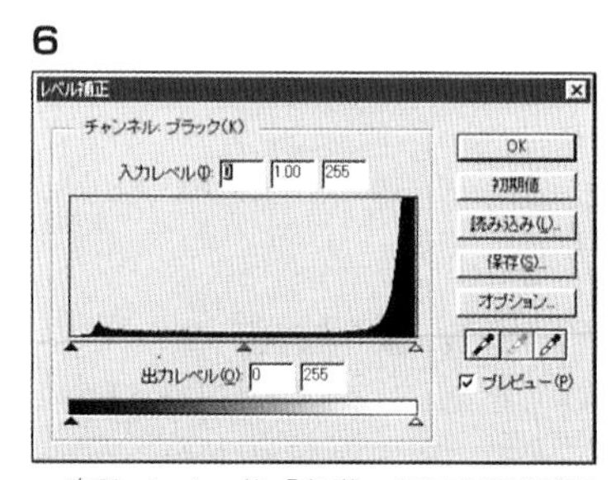

▲在Photoshop的「色階」下可調整線畫的強度，移動正中間和右側的滑桿應較適當。

7

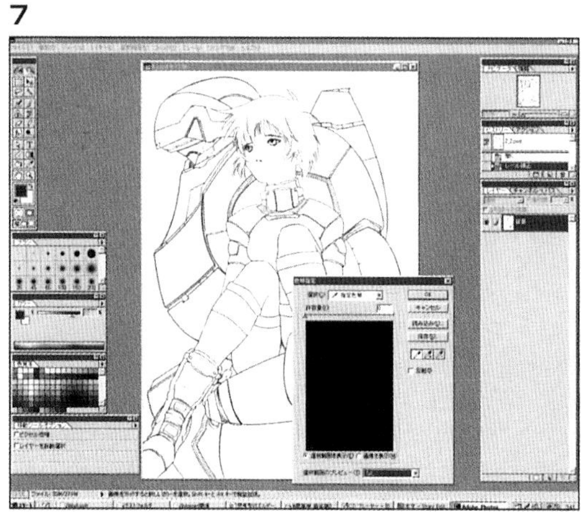

▲使用「選取」選單中的「顏色範圍」來選取線畫的白色部分。

8

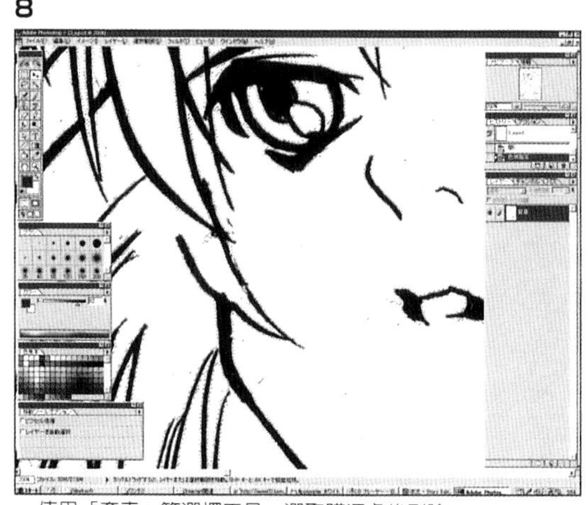

▲使用「套索」等選擇工具，選取髒污處後刪除。

製作原稿

接著進行線畫的修正。當察看全部影像時便會發現錯誤的地方，此時使用的軟體為「Painter」，原因是因為Painter繪圖板的反應較好。

將完成調整及清除污點的影像轉變成「RGB影像」。從「影像」選單中選取「模式」，再選擇「RGB色彩」後就能轉換了。在Photoshop的形式下儲存此影像後，開啓Painter。特意轉化成RGB使為了能在Painter之下開啓影像。接下來的作業所使用的筆刷為「Scratchboard」以及「橡皮擦」，進行這個作業必須有耐心且努力不懈。

在Painter的作業中只要記住一點便會大有助益，就是按住「CTRL」+「ALT」鍵拖曳繪圖板便能直接調整筆刷的尺寸，光是這一點就能大為提高作業進度。

目前的作品已針對臉、大腿、頭髮做過重點式的修改，之後再大概修整一下線條溢出的部分。

9

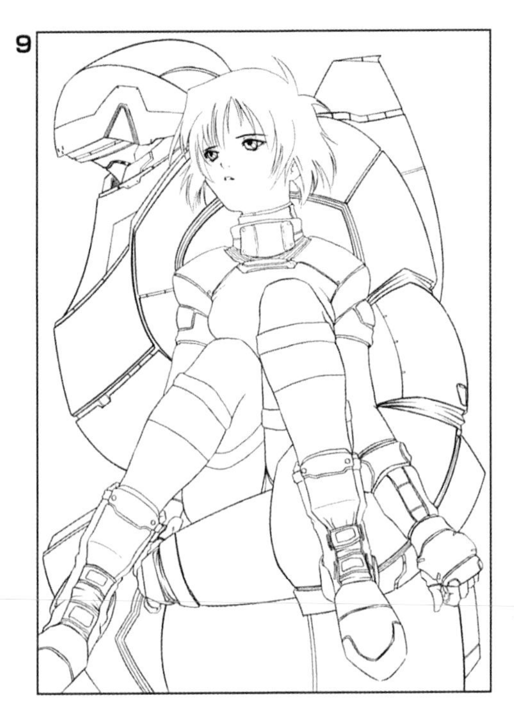

◀ 消除髒污後再修正線畫，對此作業我通常在Painter下處理。

準備線畫圖層

其次是準備線畫圖層，在Photoshop下再度開啓完成修正的影像。

首先先複製線畫圖層。(10)

在「背景」圖層的上方已完成一個「背景拷貝」的圖層，接著為能在作業上容易區分，因此在二個圖層中間再放置一個白紙圖層。於「背景」圖層的上方做一，將整個「圖層 1」塗上白色。

然後作一個遮色片變更「背景拷貝」圖層的顏色。如下圖般拖曳「RGB」色版(11)，如此便能顯示出選取範圍。在此狀態下從「選取」選單中選擇「反轉」，變成只選取線畫部分的狀態。

10

▲為複製線畫圖層，請如圖般拖曳「背景」。

11

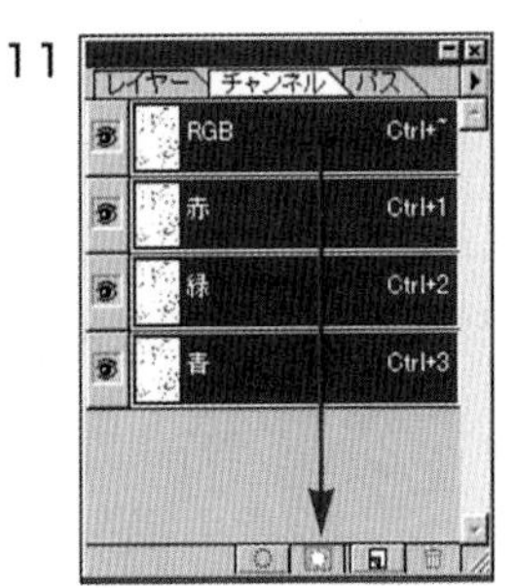

▲為了只選取線畫圖層請如圖般拖曳「RGB」。

在此狀態下從「選取」選單中選擇「儲存選取範圍」。在顯示的對話方塊中將色版從「新增」切換為「背景拷貝遮色片」，再按「確認」。(12)

12
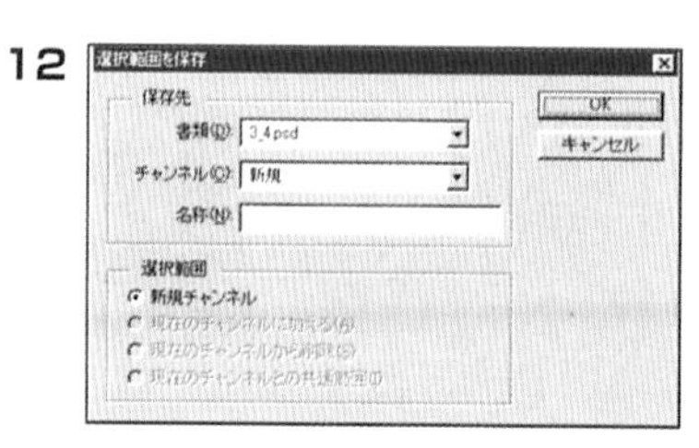

◀「反轉」後切換成「背景拷貝遮色片」，再按「確認」。

將下層功能表列從「色版」切換成「圖層」(13)。如此便完成線畫的遮色片，再以「CTRL」+「D」鍵解除選取範圍。敲一下下層功能表中「背景拷貝」左側的thumbnail後，選擇喜愛的線條顏色塗滿這個圖層。應該能將線畫轉變成更漂亮的顏色。

因為「背景拷貝」這個名稱不易分辨，所以需先更改圖層名稱。敲二下「背景拷貝」圖層，將名稱改為「線畫」。

因人物的眼睛線條想畫成黑色，所以先敲一下「線畫」圖層左側的thumbnail，利用筆刷工具描繪。因遮色片的效用所以不會破壞線畫。

完成本階段的作業後，以「線畫.PSD」的檔名儲存於其他檔案中。此檔案在完成上色後，於再次更改線畫時使用。

13

◀到此階段為止圖層及遮色片的構成如圖所示，之後再變更線畫顏色。

本次還另外準備一個單純供應上色作業用的「箭靶」線畫。從「圖層」選單中選擇「合併圖層」作成一張畫，以「著色用.PSD」的檔名儲存。儲存後結束Photoshot，將此項資料移轉至Painter。

進入Painter後直接開啓這個檔案就OK了。打開檔案後先全選，從「編輯」選單中選擇「剪下」後再「貼上」(14)。圖的右下方有個「物件視窗」，請先確認是否為「Floater List」視窗，此處狀態為選擇「浮動層2」。

所謂浮動層相當於Photoshot中的圖層，但是需特別注意浮動層並不具備互換性。

畫面左下方有個「控制 ： 浮動層調整工具」的功能列(14)，當確定「Floater List」視窗下已選擇「浮動層2」後，將「控制 ： 浮動層調整工具」中的「普通」切換成「溶解」。切換後在Floater List中的「浮動層2」下方敲一下，便能解除「浮動層2」的選擇。

如此在Painter進行著色作業時便能保護線畫。

14
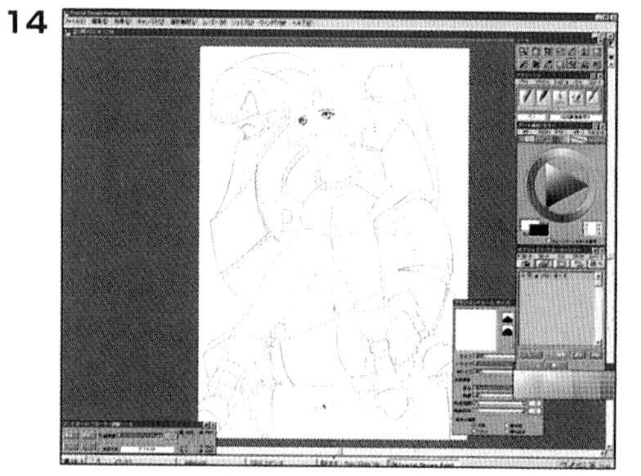

◀把在Photoshot中合併的圖層，當成「箭靶」線畫載入Painter，再使用「控制 ： 浮動層調整工具」保護線畫。

3. 著色作業

●使用水彩上色

本次使用Painter的「水彩筆」進行著色作業，這是我使用頻率最高的筆刷，因為完成後有種溫暖的氣氛所以非常喜歡。還有水彩筆到乾燥為止，都在進行假定圖層的著色，所以分開著色時也非常的便利。水彩筆一經乾燥就會被固定於非浮動層的領域中(在Photoshot中則為「背景圖層」)，因具有這樣的特性，所以針對水彩筆還另外準備其專用的「水彩專用橡皮擦」。

其基本上的使用方式為「著色、以水彩專用橡皮擦擦掉溢出線外部分、乾燥。接著繼續下一部分的著色.......」。

其實可利用「水滴」等工具讓之更溶合而使用水彩時最重要的便是上述的基本用法。

●著色作業

首先邊看草稿邊擬定概略的配色，之後從最能吸引視線的臉部開始著色。在此追加介紹此處的基本上色順序。

請先確任目前的Floater List中並無選擇任何浮動層，因為在浮動層上無法使用水彩筆。接下來便是選擇水彩筆，決定顏色後著色。

因從臉部開始進行，所以使用同色調的腿部也可同時著色。(16~18)

15

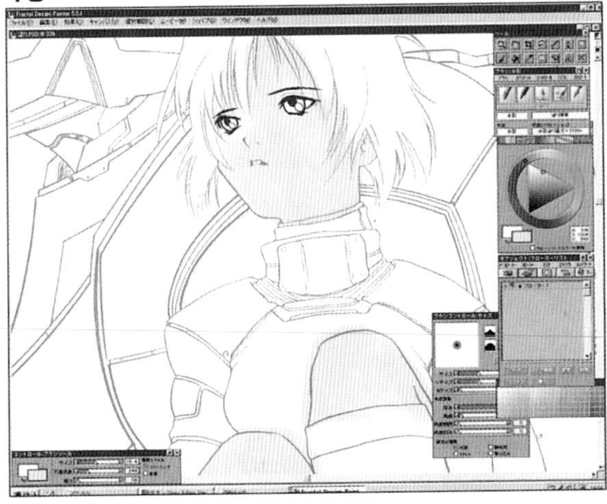

▲最初的感覺。

16

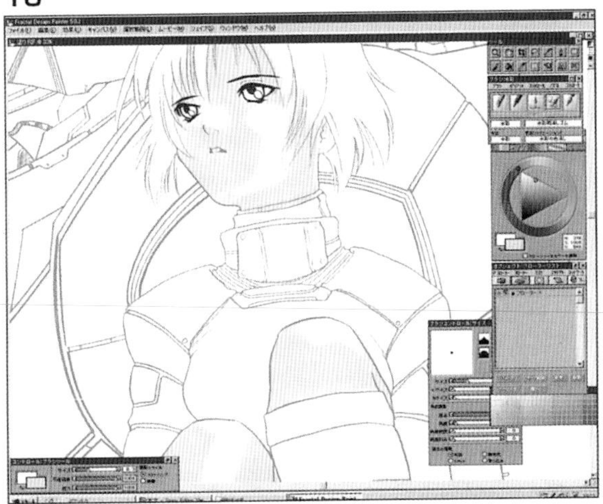

▲使用水彩用橡皮擦概略的消除溢出及光線反射的部分。

17

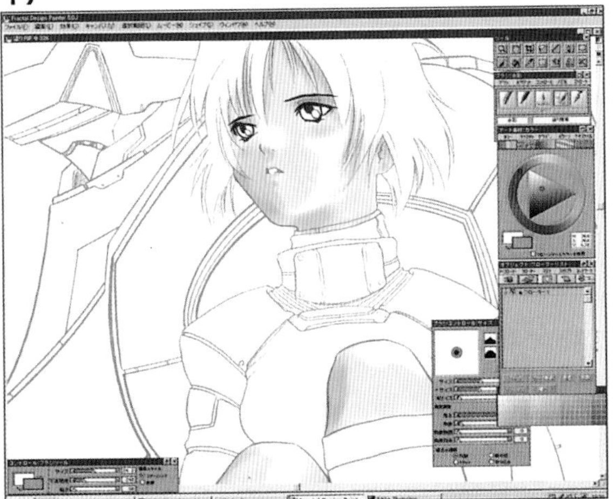

▲從「畫布」功能表選擇「乾燥」後定像，在陰影部分使用略為暗沉的膚色。以水彩用橡皮擦消除溢出的部分後選擇乾燥。臉頰稍微塗點紅色後再乾燥(笑)。

18

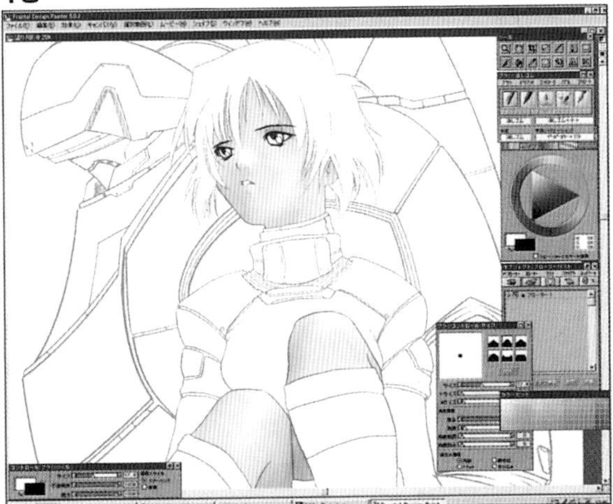

▲選擇水滴(小)工具，將筆刷濃度降至20%。以此筆刷讓著色部分更為溶合，可使用非水彩用橡皮擦修正。

以同上述的方式塗擦其他部位。進行中根本不需要有多大的耐心，因以這種輕鬆的心情便能完成大部分的Painter作業，這是我最喜歡的地方。用力的擦吧！(19)

普通我在上色時會對相差懸殊的顏色使用陰影，因能讓顏色產生深淺所以常利用這種彩色(不過為避免讀者對此產生厭煩，偶而也會用用其他工具.......)。之後是機器人的亮點，需使用橡皮擦，種類為『preach』。在這種情況下應將橡皮擦的濃度降至10%以下，以免變成一片空白。接著以水滴工具加以溶合，因能充分表現出機器的光澤，是個非常寶貴的技巧。

概略的上完色後檢視整體。因覺得顏色深度不足所以再度加進陰影。(20)

19

▲以Painter完成人物及機器的基本著色。

20

▲為增加深度所以選擇青色系的淡紫色為陰影，以水彩筆淺淺的塗上，再利用水滴工具溶合。

於機器人中使用亮點。(21)

因若再繼續下去則會顯得有些囉嗦，故在此結束Painter的著色作業。

至於線畫，因可使用Photoshot中預先準備好的線畫，所以可刪除浮動層線畫。從物件視窗的Floater List中選擇「浮動層2」，按下「刪除」鍵。連眉毛都不見了，總覺得有些可怕(21)。因以後需在Photoshot下作業，當然以Photoshot形式儲存。

21

▲因機器人的亮光部分略顯單調，故以水彩筆再覆蓋一層淡黃色。若繼續下去則顯得過頭了，所以在此結束著色作業。

22

▲以後可使用Photoshot中預先準備好的線畫，所以可刪除浮動層畫線，以Photoshot形式儲存。

●線畫的合成

先在下Photoshot開啓「線畫.PSD」及在Painter下作成的「著色.PSD」。接著使用剪下&貼上，把在Painter下著色的影像插入線畫的下方，應能完美的將著色影像配置於固定位置在此為能讓往後的作業更容易區分，因此將「圖層2」的名稱改為「著色」，暫且儲存(23)，檔名為「合成.PSD」。
檢視全體的影像，即可發現色調不自然的線畫呈現重疊狀態(24)。在此變更線畫的顏色。請敲一下在圖層功能表項下「線畫圖層」的左側，被塗成茶色的thumnail(23)。於此狀態下，選取適當的顏色以筆刷在線畫上滑順的著色，因線畫受到遮色片的保護，所以不會被破壞。當初學得這個技巧時，心中真是感動莫名(笑)。當然也可使用橡皮擦消除不要的部分。

因這次並不是那樣的畫，所以使用「調整」中的「色相 / 飽和度」，一口氣加以變更(25)。之後只要對必要的部分，選擇適當顏色，以筆刷變更顏色。

另外在本階段，應不滿意的部分進行修正。視情況可決定是否需要於線畫圖層上方再增設圖層，甚而追加亮光。因亮光已加入白色，因此圖層的重疊模式需為「正常」。至於陰影，可利用筆刷以近黑色色調追加描繪，圖層的重疊模式為「溶解」。到此為止，基本的著色作業可暫告一段落(26)。

23

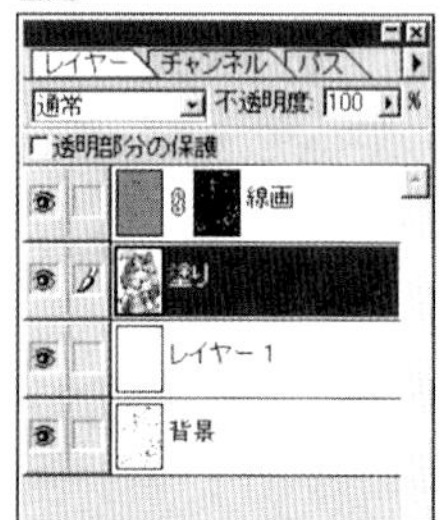

◀將Painter下著色的影像插入Photoshot下所製作的線畫。

24

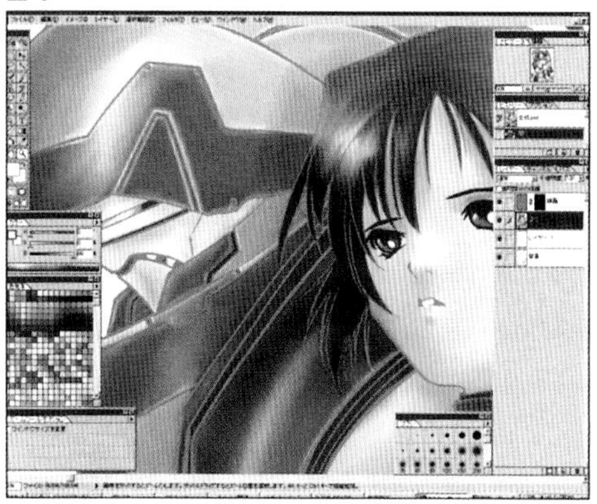

▲如圖般登載線畫，之後變更線條顏色。

25

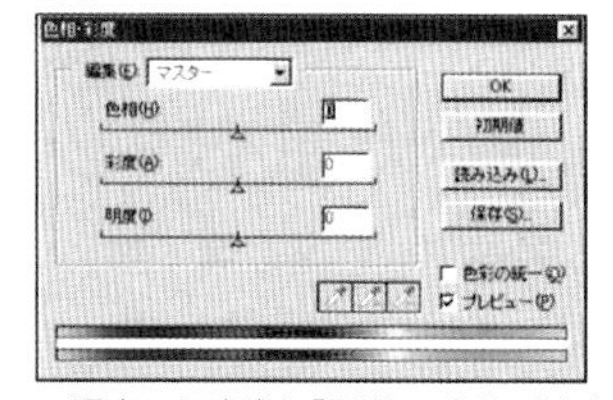

▲這次一口氣以「調整」中的「色相 / 飽和度」變更線畫的顏色。

26

▲追加圖層，放進亮光及陰影。

4. 背景的製作

●裁切作業

想在本作品中放置具象徵性的背景，故使用Illustrator。為了讓Illustrator的作業更為順利及能立即進行往後的合成作業，首先請裁切截至目前為止在Photoshot下所製作的影像。

可使用Pen Tool裁切，也就是利用貝茲曲線。在稍微習慣之前需多做練習，不過一旦上手後便是種相當方便的工具。要訣在於練習如何以貝茲曲線製作多角形，若能學習波浪線條、圓形的製作，就能掌握住訣竅。

那麼，開始進行具體的裁切作業。利用貝茲曲線描繪機器人及女孩的外輪廓(27)。這是為了消除外側而成的邊界線。

敲擊「圖層」功能表右側的「路徑」功能表。在小視窗中應會出現「長方形1」路徑以及現在可使用的「作業用路徑」(28)。

以下將各別說明。所謂「長方形1」路徑是為在Painter下進行作業而自然產生的路徑，「作業用路徑」為剛剛沿著外輪廓製作而成的裁切用路徑因為「長方形1」路徑用不著因此請刪除，敲一下「作業用路徑」成為可用狀態。在小視窗的最上方有個向右的三角形，敲一下後會出現選單。在此選擇「儲存路徑」，再敲一下對話方塊中的「確定」(29、30)。如此，「作業用路徑」便以「路徑1」被儲存，裁切作業結束。

今後只要不使用刪除，所有的路徑都會被儲存下來。可利用這些路徑將不要的部分刪除。根據作品特性多少都需準備備幾個路徑，因此學得這個方式將會較便利。結束後別忘了儲存資料。

27

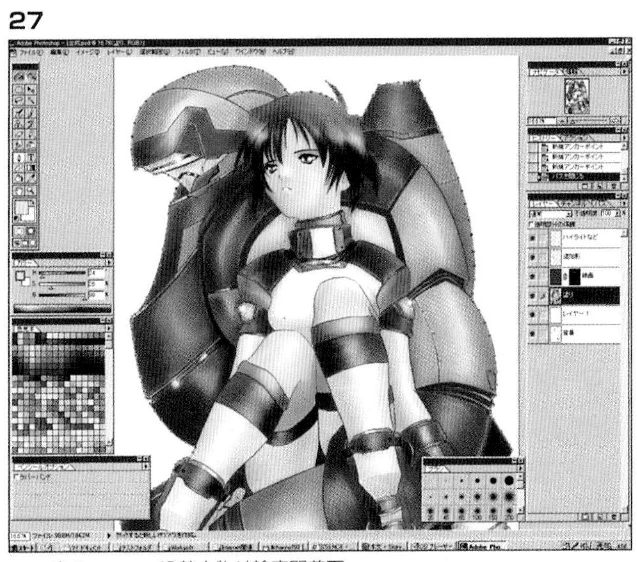

▲ 使用Pen tool沿著人物外輪廓闊剪下。

28

▲長方形1」路徑是為在Painter下進行作業而自然產生的路徑，因用不著因此請刪除。

29

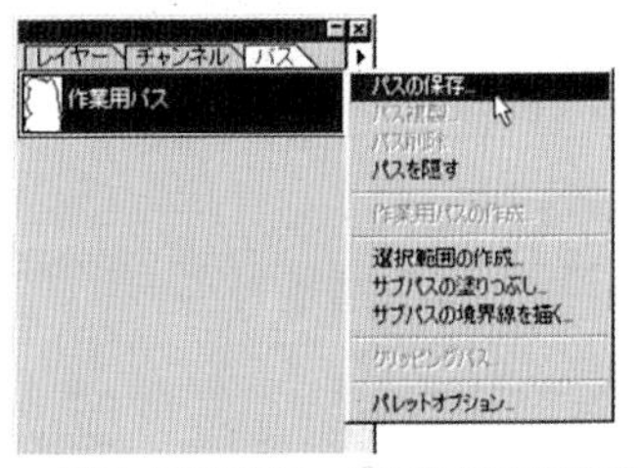

▲請以「儲存路徑」儲存進行裁切時所形成的「作業用路徑」。

30

▲將「作業用路徑」以「路徑1」儲存，以此可進行裁切。

●利用Illustrator製作預視影像

於此處製作「預視影像」。所謂預視影像是為以Illustrator製作背景時，可以確認至目前為止所製作的影像與背景有何種程度的關係。因為是預視影像，所以資料尺寸及解析度設定為較小較低也無妨。

或許您會擔心變更解析度時，路徑是否會受到影響，在此保證不會被影響，所以請安心。

首先進行「Clipping Path」的儲存。儲存之後，當在Illustrator下進行作業時，先前製作的路徑其外側將會變透明。敲一下「路徑」功能表右上方的三角形，從中選擇「Clipping Path」，便會打開一對話方塊(31、32)。現在「路徑」的設定為「無」。敲擊其右側的三角形會開啓一下拉式視窗，選擇剛剛製作的「路徑1」。至於平滑度，因Illustrator下的作業終究只是種預視影像，故不需太在意。請直接按「確定」。

其次合併已開啓「合成.PSD」圖層，接著變更解析度。只要畫面上看來為已能接受的程序即可以此設定解析度。從「影像」選單中選取「影像尺寸」。對於上半部的「像素尺寸」，只是單純的變更像素的尺寸(33)。

欲登錄於網路上的作品在設定像素尺寸時，只要變更此部分即可。下半部的「列印尺寸」，在印出時則必須設定，即使是使用Illustrator作成的命中影像也與此處的設定有所關連，應多注意。

這次為配合本書，使用的原稿是B5尺寸300dpi的影像。於Illustrator作成的影像可任意的變更尺寸，故在此只要有個概念，稍微記得即可。在Illustrator中以常用原始模式，就可印出A4的紙板(畫面中以顯示範圍的四角形來表示)。其中只要預視影像效果良好的話就可以了，要自覺這是Illustrator的作業，在圖33中的對話方塊中調整「列印尺寸」。在此將「列印尺寸」中的第三個項目「解析度」設定為72dpi。

接著以「預視影像」儲存，檔名為「預視.PSD」。至此預視影像已告完成。

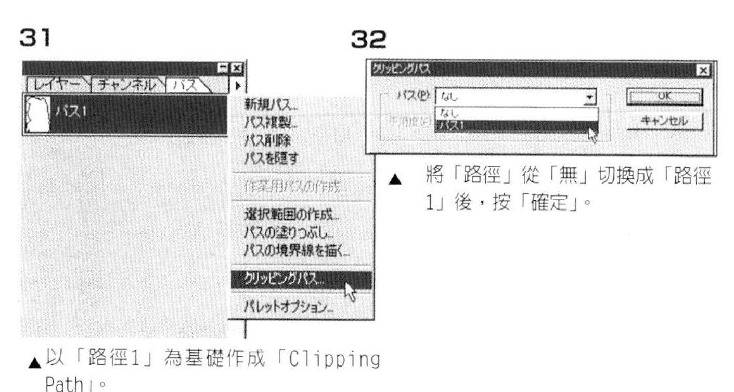

▲以「路徑1」為基礎作成「Clipping Path」。

▲將「路徑」從「無」切換成「路徑1」後，按「確定」。

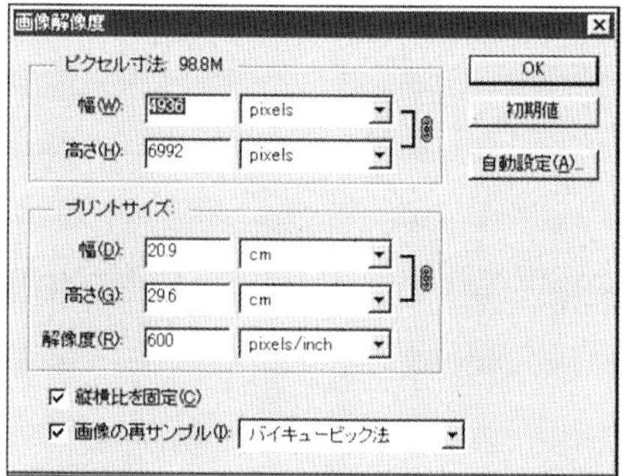

▲在「列印尺寸」中，以相當於A4尺寸、72dpi的解析度儲存。這將成為Illustrator用的預視影像。

●Illustrator上的作業

在Illustrator上製作背景用的基本配件。請將此處所製作的背景當成概要性的素材，最終還是得在Photoshop下開啓這個背景的輪廓，透過各種加工賦予質感。

為免浪費記億體，應暫時關閉Photoshop，接著再開啓Illustrator(事實上不關閉應該也可以，只是不曉得為什麼前些日子我的電腦非得這麼做…………)

Illustrator的畫面與並不相同Photoshop，作業視窗中並不全是影像。所謂Illustrator作業畫面是將作業視窗中的四角形當成一張紙，可在內部繪圖、製作圖層。

開啓Illustrator後，從「檔案」選單中選取「位置」。因打開一對話方塊，故可從中選取先前製作的「預視.PSD」。只有載入的話，影像並不會在正確的位置上(34)。

Illustrator也與 Photoshop一樣可利用圖層。在接下來的Illustrator作業中，於影像圖層下方準備一個背景圖層後便可開始繪畫。因為預視影像較大，所以不要看圖層表示而繼續作畫。先概略的決定要繪出的圖形後，再依照印象描繪。繪圖的簡單流程請參照圖35~38。

34

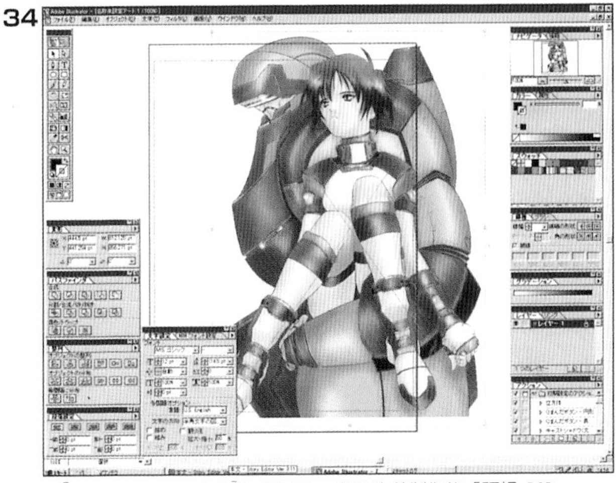

▲從「檔案」選單中選取「位置」，載入先前製作的「預視.PSD」。

35

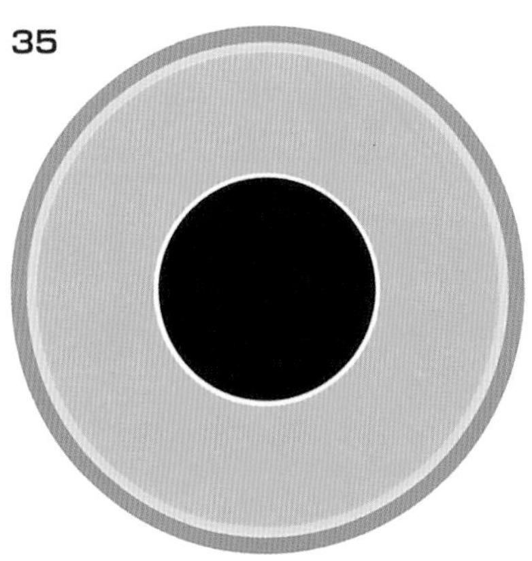

▲將一個圓中放大、縮小後，再利用複製做成各種大小不同的圓，對準中心點後重疊。

36

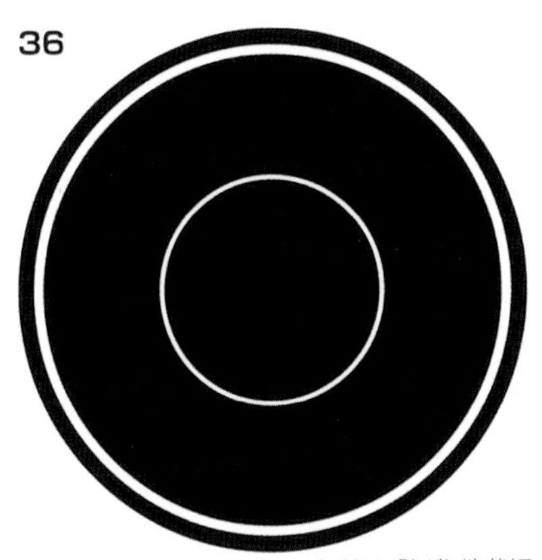

▲接著從「Path Finder」中利用「以物件裁切」及「中心點」，匯集成一個圓。

37

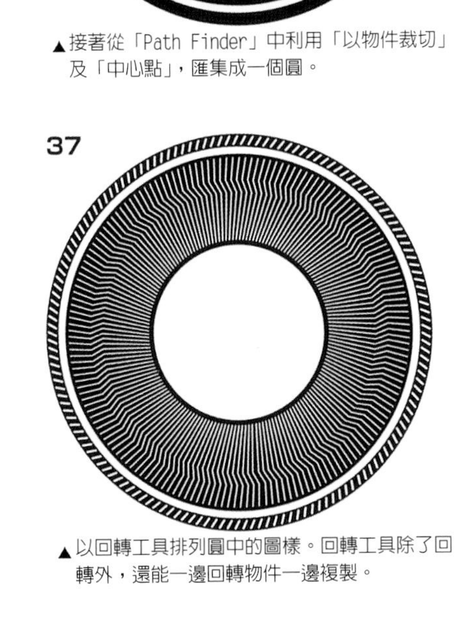

▲以回轉工具排列圓中的圖樣。回轉工具除了回轉外，還能一邊回轉物件一邊複製。

38

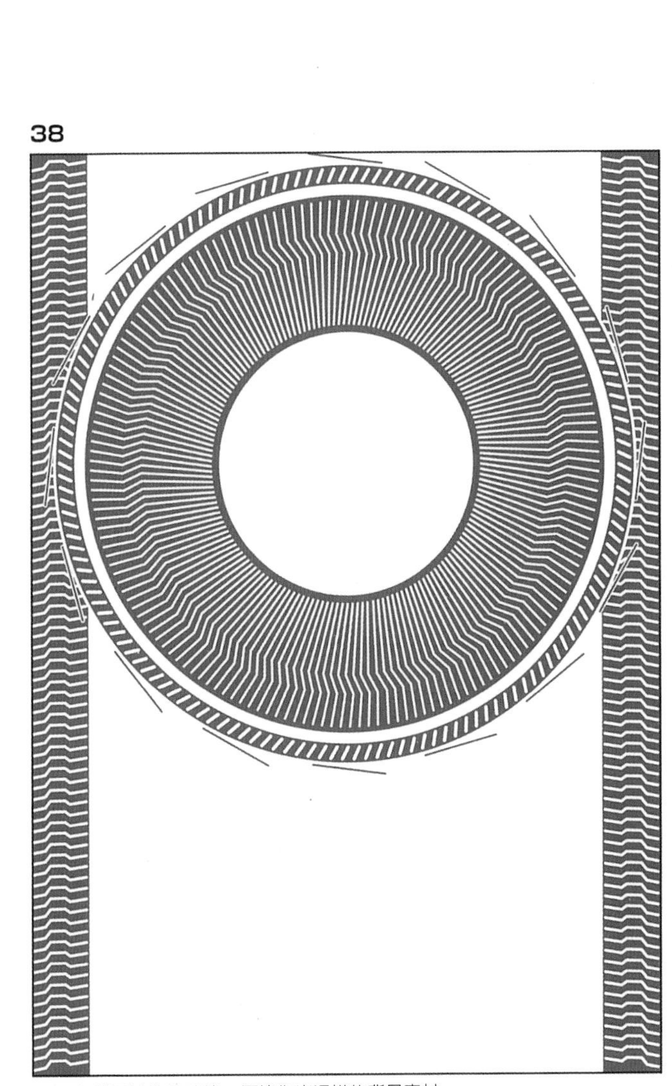

▲再多利用其他的功能，便能作出這樣的背景素材。

接著，製作一個B5大小的四角形。這是因為本次作品的完成尺寸為B5，不是個隨便的作業，必須正確的執行影像及圖形的位置安排。在Illustrator中利用四角形工具直接輸入尺寸，就能製作出自己指定的圖形輪廓。將整個影像:放置於標示原始的紙板外側(39)。在此狀態下選擇四角形工具，適當的敲一下紙板。此時將出現一個可輸入尺寸的對話方塊，請輸入B5的尺寸(縱長257M/M、橫寬182M/M)。如此便能在紙板上製作一個B5尺寸的四角形外框，以此四角形為準則，然後將圖形放在正確的位置上。(40)

接下來在Photoshop上，對此背景外框加工，增添質感。刪除預視影像後，以「背景.Al」的檔名儲存起來。

39

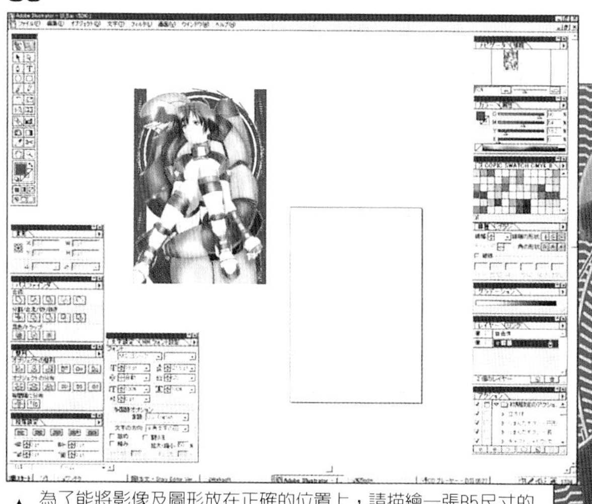

▲ 為了能將影像及圖形放在正確的位置上，請描繪一張B5尺寸的四角形。此時需先將影像放置於紙板的外側。

40

以B5尺寸的四角形為基本將圖像放進正確的位置。然後刪除預視影像，於Illustrator形式下儲存。▶

●背景用素材的加工

使用Photoshop對「背景.Al」的外框進行加工。實際完成後的資料就如前所述為B5尺寸300dpi。首先在Photoshop下開啓「背景.Al」，此時會出現對話方塊(41)。在此確認尺寸及解析度的設定值，將影像模式由「CMYK」轉換成「RGB」，不限制可使用檔案的種類後，敲一下「確定」。如此就能打開「背景.Al」(42)。接著從「檔案」選單中選擇「置入」，再次打開「背景.Al」。於作業畫面的「×」連敲二下，便能確定影像配置(43)。

請看圖層小視窗(44)。在此主要是使用濾鏡針對「背景.Al」進行加工。在其下方的「圖層1」基本上不需做任何加工，只要任其放置即可。

關於接下來要進行的濾鏡工作並不是絕對必要的過程，總之，多嘗試各種濾鏡，以實驗、遊戲的心態多方街觸，才是我想推薦的方法。當看了許許多多描繪電腦繪圖的作品後，便發現濾鏡工作真是太多采多姿。不過，其中還是有共通點，那就是觀看者常抱有「不瞭解是如何組合濾鏡，才做出那種效果?」或「看不出來使用濾鏡的效果」的感覺。在此階段的作業中，我也運用濾鏡、甚而增加圖層、追加顏色。

圖44為準備好背景的圖層小視窗。完成後的背景整體影像則如圖45所示。
在此並不需合併影像加以儲存，依情況不同，有時可能還需作背景的修正。

41

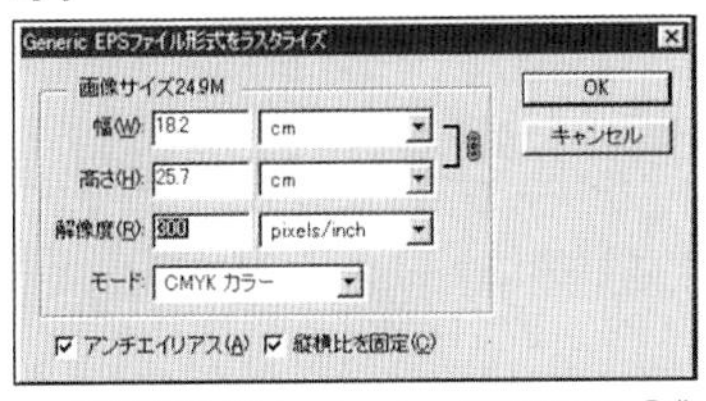

▲ 開啓在下Illustrator所製作的「背景.AI」，則出現這樣的對話方塊。在此輸入尺寸及解析度，將模式由「CMYK」轉換成「RGB」。

42

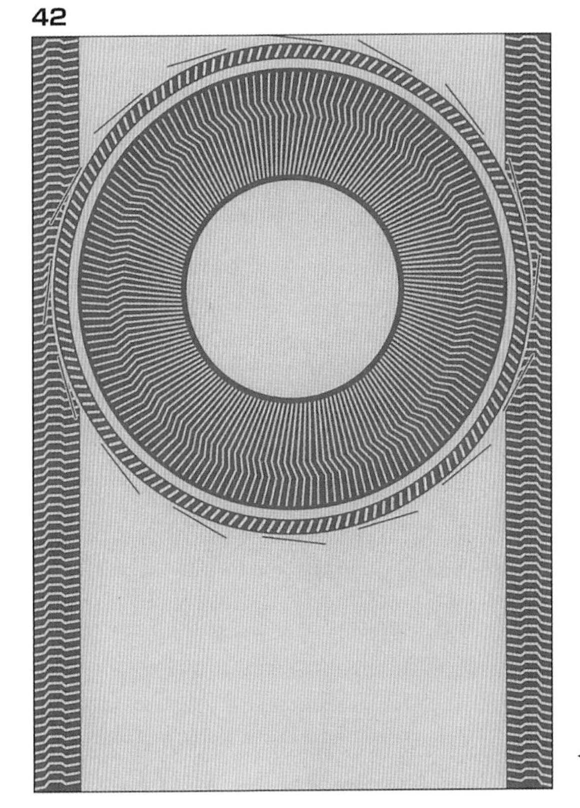

◀將「背景.AI」載入Photoshop中。

43

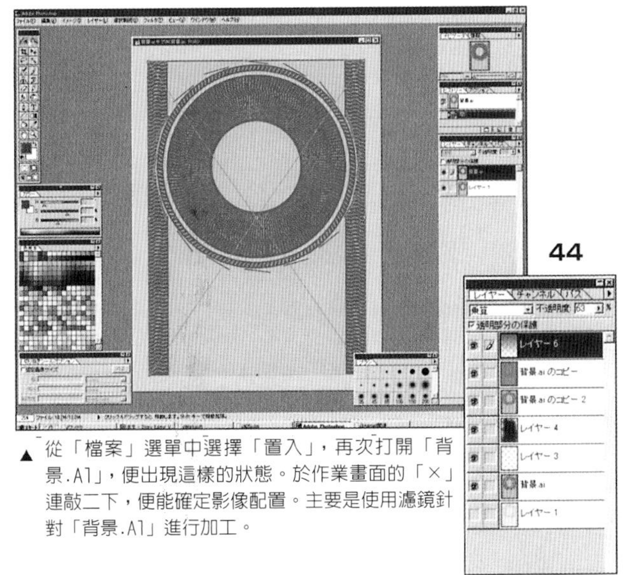

▲ 從「檔案」選單中選擇「置入」，再次打開「背景.AI」，便出現這樣的狀態。於作業畫面的「×」連敲二下，便能確定影像配置。主要是使用濾鏡針對「背景.AI」進行加工。

44

▲ 使用圖層及濾鏡對背景影像加工。

45

▲ 背景完成後的情況。

●影像解析度的設定

將「合成.PSD」(利用彩色完成的人物及機器人影像)變更成B5尺寸300dpi的影像。選擇「影像」選單下的「影像尺寸」，於高度處輸入B5的高度尺寸後，再按「確定」。此時會出現一對話方塊詢問「是否合併影像?」，不過尚不需合併。因為寬度不太足夠，所以從變更過解析度的「影像」選單中進行「變更影像尺寸」，在寬度處輸入B5的寬度尺寸(46)。至此結束後，將檔名設定為「合併.PSD」另外儲存。接著便是合成剛剛製作的背景影像。46 將「合成.PSD」變更為B5尺寸300dpi的影像。

46

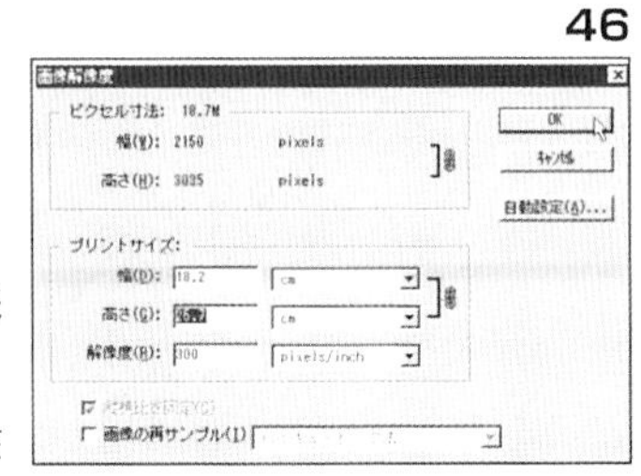

▲「合成.PSD」をB5, 300dpiの画像に変更しました

●影像解析度的設定

合併「背景.PSD」的圖層後，使用「剪下」&「貼上」將背景加入「合併.PSD」(47)，此時作業視窗如圖48所示。因裁切作業後尚未消除「著色」圖層中不要的部分，故看不見用來作背景的影像。在此預先將「圖層2」的名稱改為「牆壁」。

接著使用路徑功能表的「路徑1」，選取人物及機器人以外的白色部分(49)。於此狀態下再切換回圖層功能表，選擇「著色」圖層。如此一來表示現在狀態為已選取「著色」圖層中未著色的部分。接著按「back space」鍵就能消除所被選取的白色部分(50)。

47

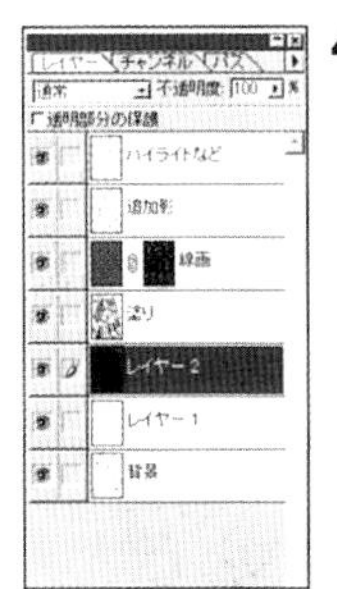

◀將「背景.PSD」視為「圖層2」加進「合併.PSD」。之後將「圖層2」的名稱改為「牆壁」。

48

▲在此狀態下還看不到背景。

49

◀將路徑功能表下的「路徑1」當成選取範圍後載入，再反轉選取範圍。接著回到「著色」圖層，一經刪除就能消除背景中所有白色的部分，因此便能看見「牆壁」圖層。

50

▲已消除背景的白色部分。

因與自己所設定的感覺還有些差距，所以再增設圖層繼續加以修飾描繪(51)。

因人物及機器人浮出背景的感覺並不自然，故再做一個「追加陰影2」圖層，稍微加強機器人外輪廓的陰影。陰影部分使用「高斯」模糊濾鏡，這個時候人物及機器人中塗出部分可使用先前所描述「路徑」的方式加以篩選刪除。將這個圖層的「Hard Light」(實光)設定為80%。

另外感覺背景與機器人之間的距離相當的近，我想原因可能出於背景上的陰影，所以更換上在「背景.PSD」中消除陰影的背景。雖然距離已經拉開，但還是達不到我想要的深度，所以在「牆壁」圖層上追加一個「牆壁拷貝」圖層，然後使用濃度40%的「覆蓋」，套上一層薄薄的「高斯」模糊濾鏡。如此在畫面的深處便好像有道牆般感覺模模糊糊的。

再來想在人物及機器人身上覆蓋一層薄薄的陰影，所以在「追加陰影2」的上方在增加「漸層陰影」，安排100%的「溶解」。此圖層為單純的由「前景到透明」的縱向漸層。

至此，我想也差不多該結束了。在最後的修飾中，可邊切換圖層邊修正感覺不自然的部分。修正時大都使用「指尖」工具、「筆刷」工具、「水滴」工具，也可切換適當的工具進行作業。在這個階段，若有必要也會再增加圖層。本次只追加自己的名字及完成日的文字圖層。

這部分的資料已告完成(52)。當全部結束後，合併影像以其他檔名儲存。

51

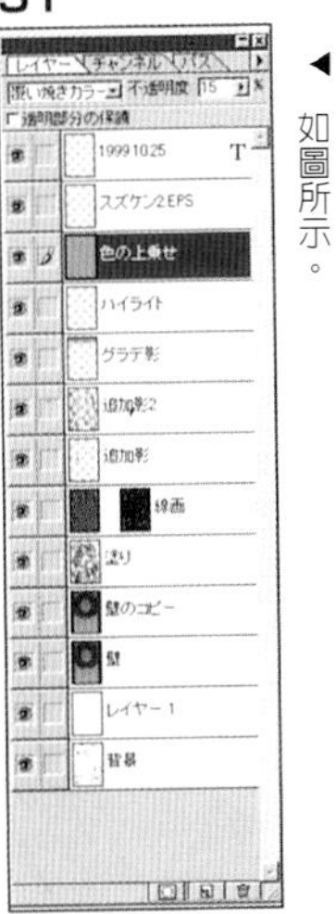

◄為製造「深度感」而進行調整，最後圖層的構成便如圖所示。

52

►完成

●輸出影像的製作

到此為止的作業是完成圖畫的階段，但因為本次所製作的資料是以在紙上印刷為目的。為消除濾鏡的限制才將影像模式設定於「RGB」，但紙上印刷時便得使用「CMYK」。因此完成的影像需將「影像」選單中的「模式」切換成「CMYK」。藉此畫面的表示會有若干改變，依情況不同有可能需要使用「調整」，以抑制顏色的變化。因本次作品顏色並無特別問題發生，所以不再作修正。

若打算在網路上發表時，需更改成適合網路的像素尺寸。彩色模式一定得使用「RGB」，因為瀏覽器無法顯示「CMYK」的影像。

◆結束…

謝謝大家長期的陪伴，辛苦了。

如果有人因這些介紹而起了「也想畫畫看」的念頭，那真是太令人高興了。不過不要太受限於所謂手法的表現或許比較好。如果被手法綁住了，反而會破壞作品的原始風貌而變得本末倒至。所以請任意的畫，當遇上問題時再看本書，才是最好的方式。

不管怎麼說，觀看他人的作品是我最喜歡的事，因此請盡情的畫，在此為您加油。

這次後半部的解說，對於初學者可能有些不容易懂的地方。但老實說當能掌握住某些程度的作品後，便會踏向更深入的世界，所以在此前提下才寫下後半部的作業。或許這只是種辯解，但是我認為多畫幾次後自然就會發現問題，所以為了往後考量才寫了這些。

那麼就此結束，請多多加油!!

GALLERY

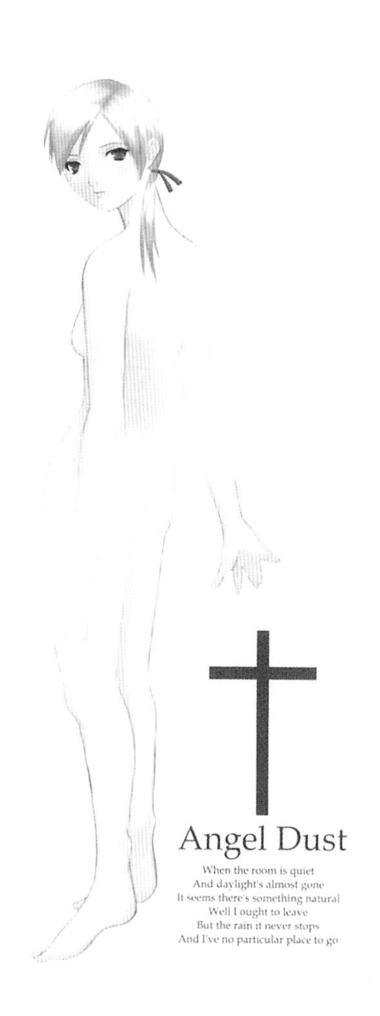

スズキ・ケンイチ
1999.Dec.19th

C100
M100
Y100
K100
C35/M80/Y55/K35
C35/M75/Y55/K30
C35/M75/Y55/K55
C15/M100/Y100/K0
C0/M100/Y100/K0
C10/M5/Y0/K75
C90/M55/Y15/K0
C0/M0/Y0/K100
C0/M0/Y0/K0~C0/M0/Y0/K20
C0/M10/Y15/K0
C0/M20/Y25/K0
C0/M70/Y30/K0
C0/M0/Y0/K70
C0/M0/Y0/K20
C0/M0/Y0/K30
C5/M60/Y25/K10
C10/M70/Y30/K15
C10/M60/Y30/K10
color chart
C0/M50/Y100/K0
C0/M30/Y70/K0
C0/M20/Y50/K0
C0/M0/Y0/K0
C0/M10/Y15/K0
C0/M15/Y20/K0
C0/M20/Y25/K0
C10/M70/Y30/K15
C10/M60/Y30/K10
C0/M0/Y0/K0
C0/M0/Y0/K80
C15/M5/Y0/K75
C0/M10/Y15/K0
C0/M10/Y15/K0
C30/M40/Y60/K35
C35/M50/Y70/K40
C35/M50/Y70/K60
C0/M0/Y0/K20
C30/M5/Y0/K70
C20/M5/Y0/K80
C15/M5/Y0/K65
C10/M0/Y0/K50
C70/M40/Y30/K0
スズキ・ケンイチ 1999.10.30

Suzuki Kenichi

GALLERY

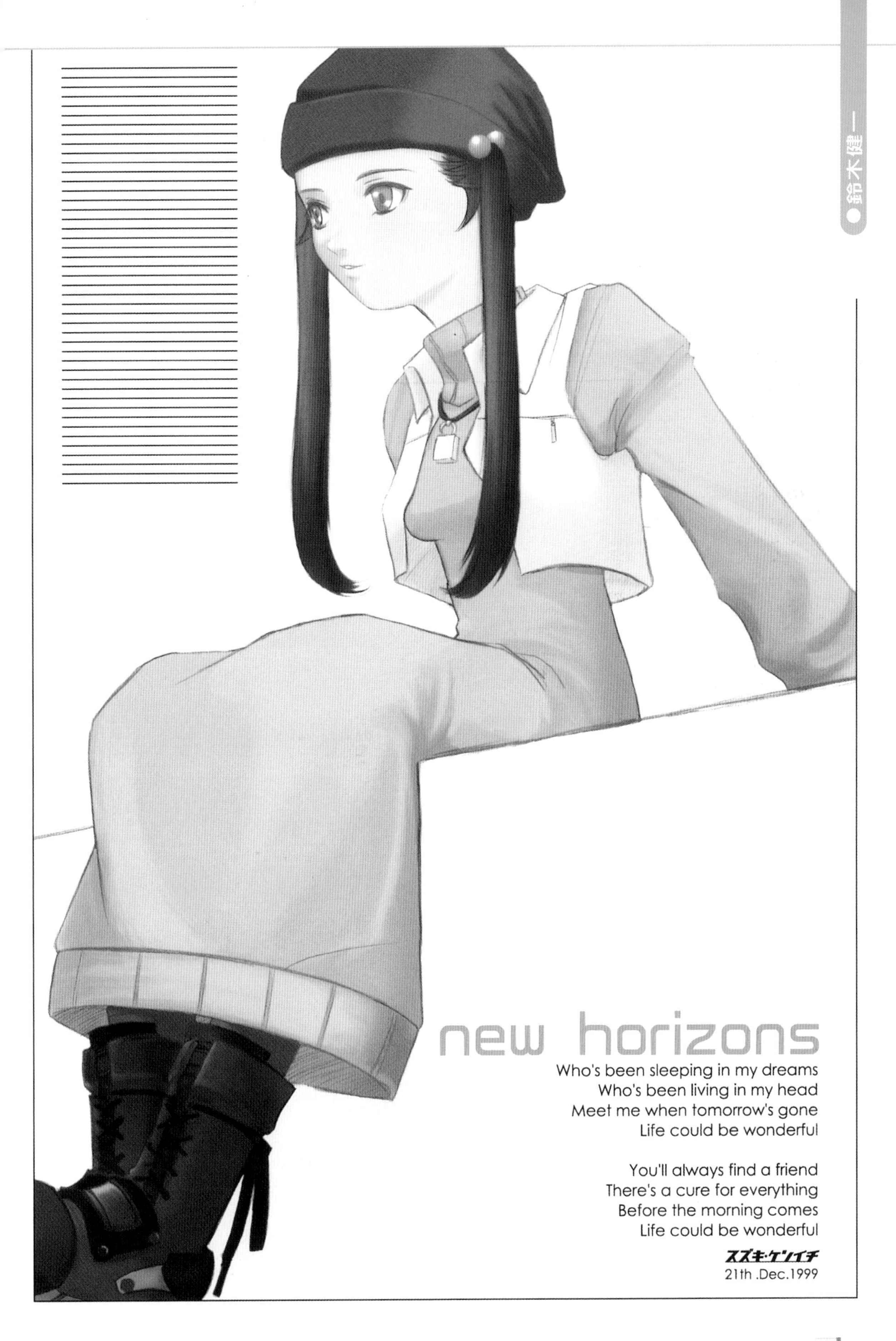
new horizons
Who's been sleeping in my dreams
Who's been living in my head
Meet me when tomorrow's gone
Life could be wonderful

You'll always find a friend
There's a cure for everything
Before the morning comes
Life could be wonderful
スズキ・ケンイチ
21th .Dec.1999

KIZUMIN

自我介紹

【筆名】………KAXUMIN

【本名】………皆川一已

【生日】………10 月 21 日

かずみん電脳工房
http://www.kt.rim.or.jp/~kazumin/

使用的機材

【主機1】

Frontier神代 Shop Brand 製造(不過在畫此原稿時，已經訂購新的設備)

下一期的主力機型為GATEWAY2000的PentiumⅢ / 700MHz

CPU	Pentium200 MMX (人人誇讚喲!)
MEMORY	SMM 128MHz(實際上是想買256 MHz，可是缺貨)
HDD	IDE 2.5GB + IDE 1.7GB + SCSI1GB + SCSI 1GB (今天才知道正確容量)

【螢幕】

17 Inch　單槍三束彩色顯像管。

【影像解析度】

1280 ×1024 (24位元色彩)

因為字小所以眼睛會不舒服。

周邊機器

【繪圖板】

Wacom　intous

髮髻形狀的包裝相當體面。

【掃描器】

Epson GT — 8500

還非常的耐用喔!

使用軟體

Adobe Photoshop 4.0 J

更換新機器時也預計同時更換Photoshop新版本

NewTek LightWave 5.6J

從前使用的是3D Studio (MS-DOS版)，之後隨著工作的流向而改成LightWave…

◆ 製作順序

我一直將電腦繪圖(CG)的型式設定為「人物為2D，背景則為3D」。當開始使用電腦繪圖時，3D本身是種很新的技術，並不像現在這麼的普遍，所以心想著若能使用的話一定很炫，也就在這種想法之下開始(實際上有部分原因是因為對透視圖沒輒，所以才想以3DCG來替代)。再加上最近以製作3DCG為本業，且也用慣了工具，故一直延續著這種型式。

最近3DCG中的主流為美少女3DCG(1999年11月)，便興起了「將人物的製作也改成3DCG」的念頭，不過想利用業餘之時製作具實體感的人像，我想應需要相當的經驗。老實說曾試著做過幾次，但終究還是喜歡手繪的人物像……總之，就是喜歡。

因此對於實際的製作過程介紹，其型式還是前半為「2DCG」、後半為「3DCG」，最後為「合成」。

◆必要物品

電腦………沒有的人只好以想像來做練習。

紙張………沒有的話就有些可憐。發皺的紙也一樣可憐。

掃瞄器……壞掉的話就太可悲了。

繪圖板……有的話就太好囉!

貓…………之後再解釋。

Afurozura……有了這個便萬事OK！天下無敵！

1. 草稿的製作

當提出創意時應是夢想滿溢的時候，但是通常都沒能實現……

或許您會說「對!這就是現實社會」…….。但事實並不是如此，因為在製作上牽連著許多偶發性及必然性，所以無法依照自己的想法而行。連作者本人也無法確定將會完成什麼樣的畫，卻也因此而令人期待。在工作上若做出一張完全不同於本意的畫，當然不是件好事，但若只是想在網站公開，純屬興趣的話，那麼就好好享受這種樂趣吧!至於工作者就請多多加油囉。

1

2. 清除(底稿的製作)

確定大概的方向後，使用電燈桌進行清除工作，以迴紋針固定住相同的複紙開始描線。附帶一提，使用的鉛筆筆芯為0.5B。當線條複雜或髒亂的時後，這張清除過的畫稿將更乾淨。

3. 載入、線條的修正

接下來使用Photoshop進行作業。

掃瞄器設定在原始設定值，載入尺寸為400dpi以上。掃瞄後開始修正線條，然後將影像尺寸設定為200~150dpi，進行著色作業。

清除髒污的過程幾乎在調整項下的「亮度 / 對比」中下進行。(大致上亮度為＋15~＋25，對比為＋25~＋35左右)

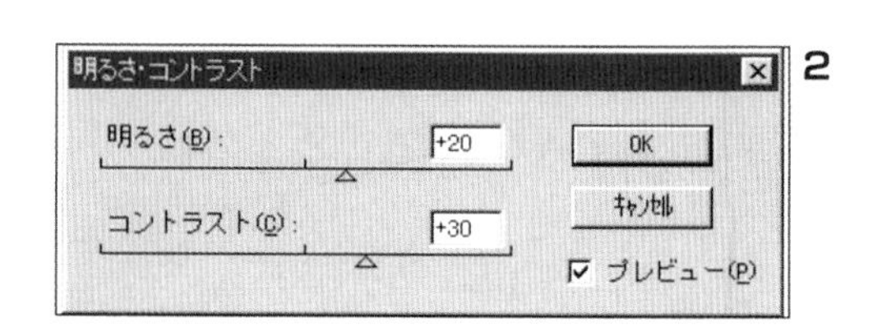

2

左右反轉草稿，做線條的修正及確認，是個非常無聊的過程。若畫功了得，則幾乎不需做任何修正，相反的話那就有如身處地獄一般的痛苦(我是屬....)。還有，以左右反轉檢查底稿時更會為自己的不純熟感到難過，但一定要突破這種種的難關……

當製作底稿不順利時大概會說「載入後再慢慢修正線條就好了」，將一切託付給數小時後的自己，但當開始修正線條時，又開始恨起數小時前的自己，就這樣在內心交戰不已。

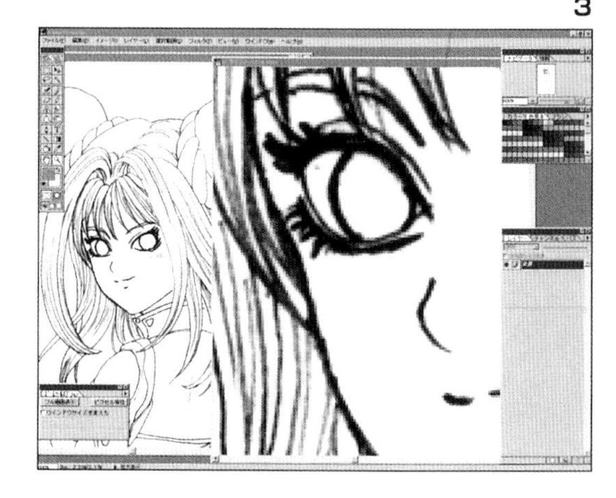
3

主要的筆刷工具設定如圖4所示。像圖3一般，在新視窗中看著全體影像兒修改擴大圖像。若老是看著擴大圖來修改的話，容易將注意力集中在線條的歪斜及不均勻，那麼這個作業便無法結束，所以盡量利用看得到全體的視窗來進行。

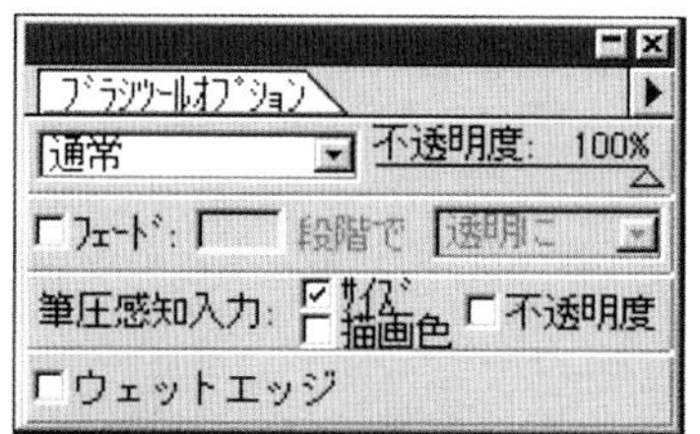

4

跟貓一起遊戲

因經常發生一些意想不到的狀況，所以需要各種應對的策略。偶而想玩玩時，便會抱頭大睡說著可怕的夢話，或是累得想睡時，便很單純性的四處晃晃，管人閒事。……這都只是說說而已，其實在進行線條修正時，總是沉溺其中，即使偶而離開座位，也只是想回復心情以求客觀性。這是很重要的事，決非自誇愛貓。(嗯~ 有點勉強……(^^;;)

5

4. 不想再修改了(結束)修正)

於適當的地方停下來(好好誇獎有耐心的自己)，終結主線的修正作業。到遮色片的製作及著色為止，還會進行多次的線條修正，所以不需急於完成一張完整的畫。而且光是上色而已，整個感覺便有很大的改變，因此可邊進行作業邊調整……。

在此的解析度由400dpi改為200dpi。準備在網路上公開或以印刷為目的，其解析度的設定也不相同。通常A4的彩色原稿約150 dpi便以足夠，但最近因印刷的關係有時也要求以350 dpi進稿。不過即使勉強放大150 dpi、改為350 dpi，大致上都沒有問題。但依據CG情況不同，有時放大後多少還是需要做些修正。

6

5. 遮色片

關於遮色片的做法，我想每個人都有其認為最簡便的方法。我也曾參考許多相關書籍、嘗試其他的方式，還是覺得目前的方法，也就是幾乎不使用圖層而儲存於色版之下的方式最為合適。當初因為機器的規格不足，為了能簡單的確保記憶體才採用這個方式，結果一習慣以後便定下來了。

6. 主線色版化

主線修正後就是主線色版化。

其順序為新增一個色版，如圖7所示將名稱設為”主線”。接著回到圖層，全選之後複製主線，然後貼到剛剛製作的「主線」色版。往後的主線修正作業便全部在「主線」色版中進行。也有意見指出「為什麼不從一開始就在色版下進行修正」，那是因為使用圖層修改較為方便，所以在圖層下修正主線。

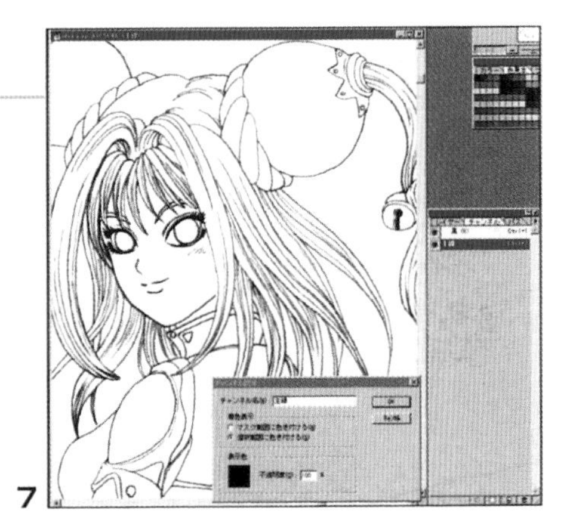
7

7. 點陣化、著色

主線儲存於色版選項後，將圖層中的主線點陣化，此時只要大概設定適當數值，不過依照載入時的尺寸不同也可能產生變化。其次，以「填滿工具」大概塗上原定之顏色以示區分。此目的是為了製作色版遮色片才以顏色概略的區分。儘管大膽的上色，塗出主線外也沒關係，小地方沒上色也不用太在意。

「填滿工具」的設定如圖8，不需設定防止字邊鋸齒化。

8

9

10

8. 製作色版的順序

區分完顏色後，接著重覆以下作業。目的為製作自動化色版。

(1)「選取」→「顏色範圍」任選一個顏色於任一地方設定選取範圍
(2)「選取範圍」→「修改」→「擴張」(擴張量為1pixels 或2pixels)
(3)「編輯」→「填滿」
(4)「選取」→「載入選取範圍」(以色版設定確認在選取範圍內上色)。
(5)「取消選取」
(6) 以「選取」→「顏色範圍」選擇下一個顏色後，繼續重覆 (2) 以後的步驟。

當進行上述步驟時，圖層上的影像會變得慘不忍睹。總是邊擦著眼淚邊繼續下一個作業(我會利用Action Key，以自動進行2)~6)的作業)。

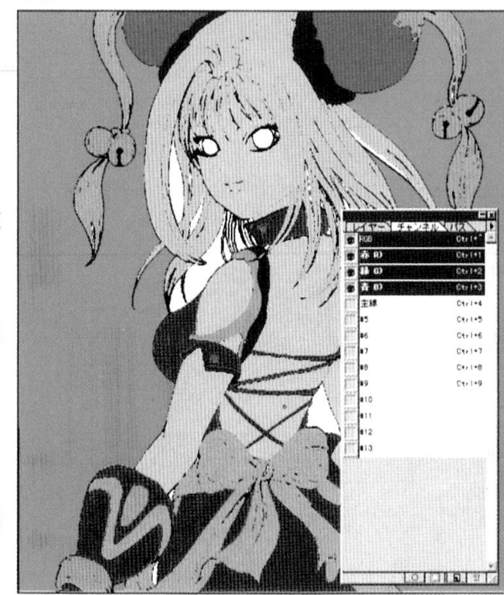

9. 色版得整理、遮色片的著色

因利用Action Key自動作成色版，所以色版名稱各不相同，作成的色版也亂七八糟。

首先將色版名稱改得更簡單易懂如「膚色」等，然後於選取範圍中上色。接著以筆刷工具及鉛筆工具，進行遮色片的修正。我主要以鉛筆工具進行此作業以避免遮色片出現不均勻的情況。因這個部分相當費時，所以在一點一點修改顯示色的同時也邊考慮配色的問題。如此一來，雖是個單純的作業，但因為有種繪圖的感覺，所以也很快樂。不過若使用淡黃等不易辨別的顏色，則易發生為上色的情況，故大都使用深色來進行作業。

11

10. 圖層的基本構成及著色的準備

12

接著便可準備著色了。首先先製作一張圖層。

一個為主線用的圖層，另一個為瞳孔及金屬部分等亮光用的圖層，個自取上「主線」及「亮光」的名稱。因亮光大都覆蓋在主線上，所以將它放置於「主線」圖層的上方。合成模式為「正常」。

11. 於圖層中復原主線

13

將主線載入「主線」圖層中。

將遮色片狀態下色版化的主線，以「載入選取範圍」載入「主線」圖層，然後依當時的心情選擇深茶色來填滿顏色。其實使用黑色或任何顏色都無所謂(白色除外)，因為最後主線也需要上色。不過當以茶色等來製作主線，影像所呈現的感覺卻異常的好，這在原動力的維持上有很大的貢獻。

12. 光源位置

14

如左圖14般在背景的空白處放置箭頭。我想除了我之外其他人都沒此必要，因為我常常忘記光源的位置(笑)。特別是作業期中因某些事而疏忽了或一次畫上數張的時候。雖然很蠢，但公開時就會消掉(理所當然)所以總會畫上，沒錯，我是個超~健忘的人(^^;;)

13. 大範圍著色

首先先大範圍、快速的上色。基本用法為在色版下製作遮色片，以「Ctrl ＋ H」(在Macintous 下為「Command ＋ H」)隱藏「選取範圍」，然後使用噴槍工具。這時噴槍的設定如圖15。

從前每次製作遮色片時，都需先完成至某個程度後在進入下一個遮色片。不過在製作過程中，多少都會產生光源偏差、筆觸不均等情況，因此應放手大膽的著色，掌握住大概的陰影位置。……如果只是畫好玩的話，那麼這階段也可算已完成。無所謂喔!…..，只要您覺得高興…….。

15

エアブラシツールオプション
通常 強さ: 100%
フェード: 段階で 透明に
筆圧感知入力: 描画色 強さ

16

14. 細部的修正

若已確定陰影的位置後，接著便在放大的情況下著色小地方及修正。此時，應趁早完成臉部，特別是眼睛部分。因為表情是相當重要的一點，所以應及早把握住感覺，這對上色應也有微妙的影響。眼睛的亮光需在「亮光」圖層中描繪。

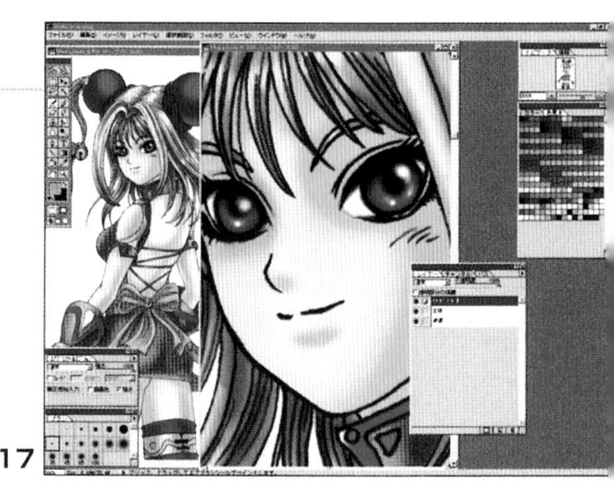

17

以前筆壓的設定約在15%~40%左右，但因買了新的繪圖板，覺得感應度已提高，所以現在改為100%。但每個人情況不同故數值應該也各不相同，因此請多多繪圖，從中選擇適合自己的設定。若覺得這樣很麻煩的話，那麼就像個男子漢以100%來畫吧!

エアブラシツールオプション
通常 強さ: 100%
フェード: 段階で 透明に
筆圧感知入力: 描画色 強さ

18

14. 結束著色

我塗色的方式是利用噴槍小範圍的上色，在未使用特別的技巧下完成。雖然與背景也有關連，但在合成時，也可能因修正或改變作品的方向性而作出大幅度的變更。所以常常一個作業還沒完全結束，便又移到下一個作業。

19

15. 主線的上色

完成著色後接著便是主線的上色。在保護透明度的項目中打勾，以滴管工具從連接主線的地方上色，稍微調暗一些，再以筆刷工具適當的上色。有時非常的講究，有時也會很快速的塗完。

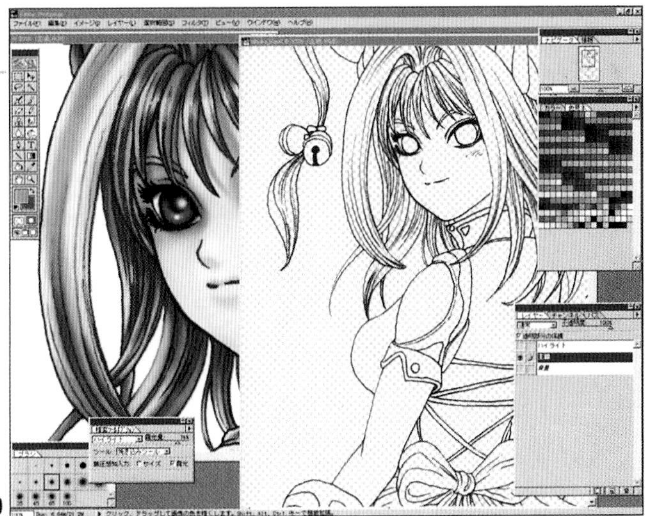

20

16. 材質

21

在本階段決定使用材質。從素材集準備花瓣及樹葉、只有花瓣的相片，然後放進衣服及粉紅色的帶子。雖然想利用相同的方式合成，但得從合成的狀況中分成各種圖層。「樹葉帶子」圖層為「OVERLAY」(重疊)、不透明度90%，「樹葉衣服」圖層為「SOFT LIGHT」(柔光)、不透明度64%。圖層的模式能作出各式各樣的合成非常的有趣，只不過到現在還不瞭解在怎樣的原因下，會作出什麼樣的合成情況，我想經常練習、試用各種模式，觀其效果應是不錯的方法。

17. 完成

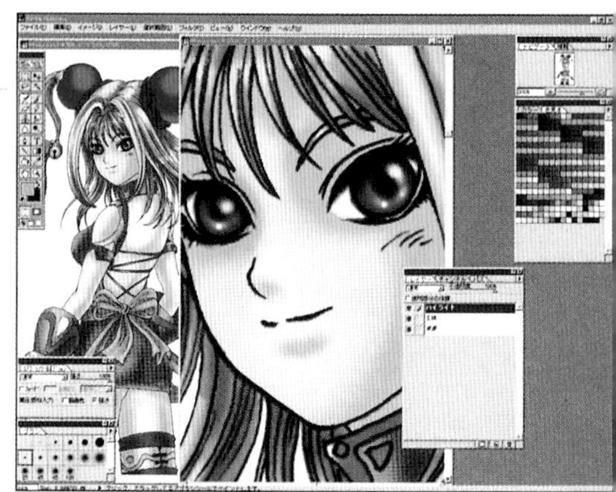

22

至此可暫告一段落。

之後合併影像、將合成後的CG圖層化，裁切背景。利用自動選取工具將防止字邊鋸齒化射定於32，刪除周圍。有時也在要進行細部裁切時，先在進行自動選取後色版化，對色版做細部修正，做成輪廓遮色片後才進行刪除。去掉背景的影像可當成人物外輪廓資料，預先儲存色版。

往後的作業中便可常常利用這個輪廓色版，相當便利(比如製作合成作業或光源等等)。

18. 背景的製作

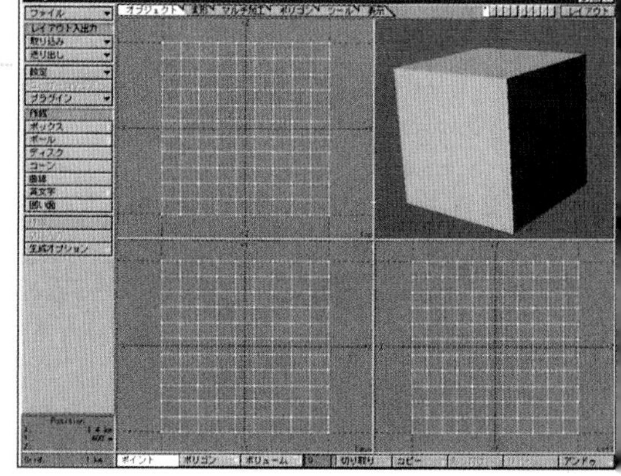

23

本次的背景CG是從「高山及湖水」為原創出發點。無論如何總之先畫座山。此處所使用的工具為LightWave3D。

除了高山等大略的形狀外，其他細部則使用「碎形圖案工具」較能呈現自然的感覺。

利用熱量也能作出自然感。首先作一個簡單的四角物體，切割成網狀。

然後存入磁碟片，放置於日光下約一小時。利用日光的熱度能使磁片中資料的頂點產生變形，作出漂亮的碎形圖案。(騙您的)

利用電磁爐，也可自然的產生日光喔！(又說謊了)

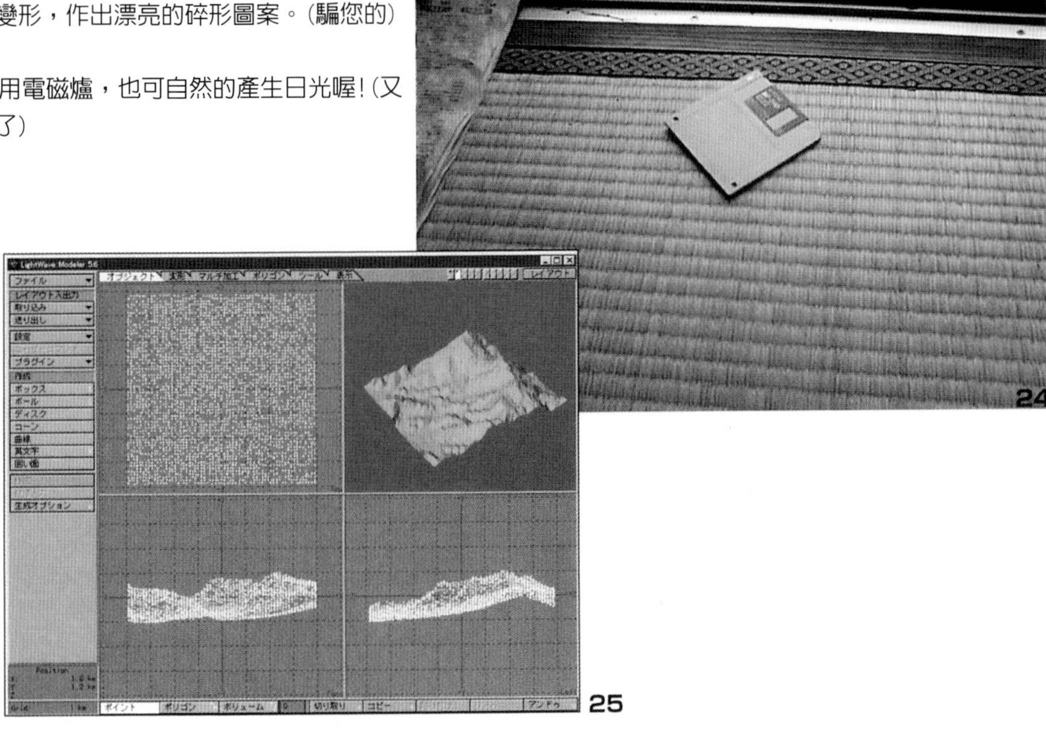

24

25

19. 山的製作

話題似乎岔遠了，那麼回歸正題吧！

說起Fractal，雖不怎麼正確…..但有點類似隨機抽取……。以Photoshop來說就像是「濾鏡」→「描繪」→「雲彩效果」。在LightWave3D下材質中的Fractal noise，與Photoshop的「雲彩效果」有相同的效果。利用這個理論的工具有好幾個，其中從以前便開始使用的是「Vistapro」。

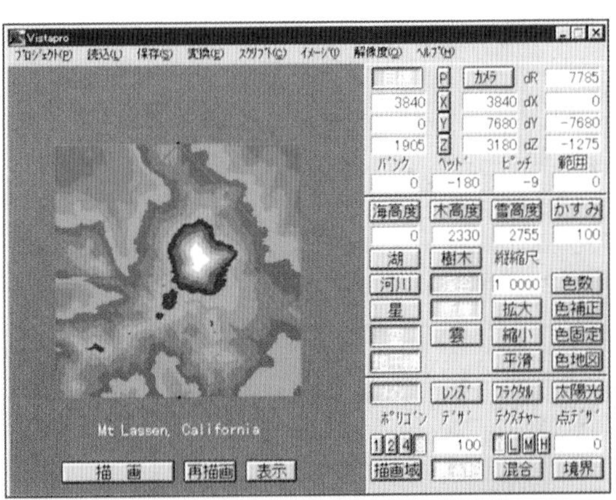

26

27

Ver3.13是為Windows3.1時的版本。雖然想使用新的版本，但因為升級失敗故沿用至今。將在「Vistapro」下製作而成的資料以dxf的型式儲存，利用LightWave3D中速(moderato)載入，稍微調整頂點，利用放大縮小做出適當的尺寸後，再做位置的配置。

20. 貼上材質

從素材庫中準備一些相近的素材。

在此需特別注意的重點是貼上影像材質後，還要淺淺的覆蓋一層3D 材質(比如Fractal noise ..)。本次使用的Fractal noise比貼好的影像材質暗，不過只覆蓋薄薄的一層，有時在其上方還會再貼上一層明亮的Fractal noise。

貼Fractal noise的重點是將TextureSize變小，那麼效果較容易發揮通常我會將原使設定1M改為10cm。

28

29

21. Bump Map

為做出凹凹凸凸的感覺，故而需要使用Bump Map。在設定上需調整的項目有上述的Texture Size及Texture Amplitude。尤其是Texture Amplitude利用起伏衝撞更能顯出效果，因此很有調整的價值。但本次的影像資料並不是使用Bump，而是LightWave3D的Bump項下中的Fractal bumps製造凹凸的效果。

最後作出這樣的效果。不過因用於遠景部分，其目的終究只在於”提味”。一說到”提味”，最近煮通心麵的時候都會添加一些香草，效果比想像中的好。對意大利人來說或許是相當的普遍，但對我而言卻是個大發現。

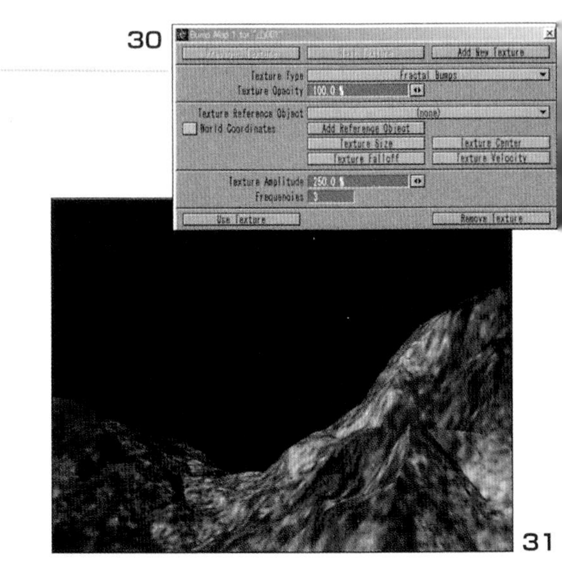

30

31

22. 背景天空

此天空影像屬遠景部分。雖可利用附屬於LightWave3D中製作天空影像的「Sky Tracer」工具，但製作不同顏色的天空時，使用素材集裏的雲彩相片，再予以加工較易完成。

關於本次所使用的雲彩影像……，我忘了怎麼作成的(汗)。隱約記得好像是「圖層」→「變形」→「遠近」，但已記不得全部的過程。當剛學會Photoshop等工具時，不自覺的使用各種濾鏡作出屬於自己的創作，從那之後幾乎不曾改變這種表達思想的作法，這是某種想法的基本(歪理)。

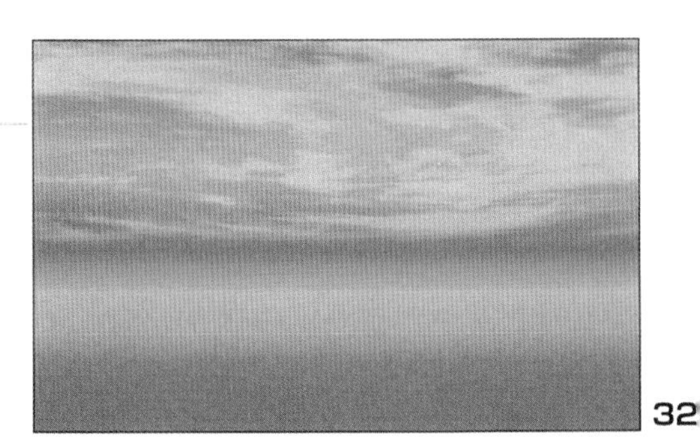

32

23. 樹木的製作

這個作業同樣的也利用LightWave3D的Plug-in，此樹木製作工具稱為TreeD。

33

34

依據數值可做得很細緻，也可做得很粗略。不過雖說細緻但還是無法做到特寫般的完美，因此利用遠景用素材也行。因本次使用的角度相當接近特寫…，而主角卻是人物因此有點擔心。

24. 貼上樹葉及樹幹材質

關於樹葉的材質等等如果要求並不是很真實的話，則設定上不需要太細分，只要能帶出氣氛即可。在LightWave3D之下有個名為「Veins」的格子狀材質，當初導入LightWave3D時還認為這個材質大概用不著了。與Fractal noise一樣測繪影像，還有不論是貼一層淺淺的材質或是貼上多層的材質，只要能表達自己的個性即可….。因此常被說「感覺好像是完全利用LightWave3D而作成」，因被說時剛好正在使用，所以也只能回答「是的，沒錯!!」。

35

36

這次樹幹的材質是從「岩石寫真」素材集中挑選得來，另外在其上方再重疊一層淺黑色的Fractal noise。

37

加入光線後就成了這種感覺。也變得很像「岩石寫真」。老實說我貼錯了…
不過，算了~。下次吧!

25. 立體造型的瀑布

因為我幾乎都依賴 plug- in，很少做立體造型而有些不好意思，因此以「瀑布」作為製作立體的範例(平常所做的立體造型可多著呢!!真的!!)。大部分都以四角形製作簡單的立體造型。

在此大都利用「刀子工具」(「多次加工」→「刀子」)及「細分」(「多角形」→「細分」，適當的重疊「Faceted」和「Smooth」，之後再重疊「細分」項下的「Metaform」。當然因情況不同不見得一定選用「Metaform」，也可改選LightWave3D中的「matanapass」。然後選取頂點，將「jitter」(「工具」→「jitter」撒向頂點作出紛亂感。

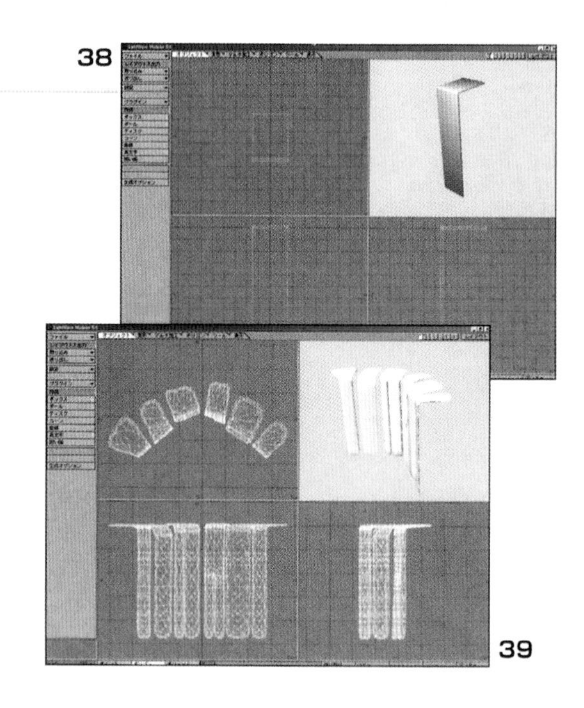

38

39

26. 瀑布的外觀

通常使用LightWave3D下的材質及質感設定、外觀，但這此不大算使用影像圖。因為是「水」的關係所以讓本體自己發光，調整透明度於「Transparency」中覆蓋Fractal noise。雖原本多用於煙霧的設定中，但卻邊做邊自言自語的告訴自己「既然是遠景的水那麼感覺應相同，所以沒問題才對…..反正水霧、煙霧同一家..」。此時，打開同一視窗下的「Texture Pattern Velocity」設定成100M。此設定表示材質將每一個畫面中將沿著時間軸於-100M處移動。就這個瀑布來看，在Fractal noise中的透明部分將移向Y軸-100M處，這也就是卡通設定。

40

此處若再設定Camera Panel項下的Motion Blur，則水看起來就像會動一般，將中間部分作為靜止畫面使用跑圖(render)的話，靜靜的流動著感覺便像水一樣。

還有一件事忘了說，請將「Surfaces Panel」中的「Edge Transparency」設定為「Transparent」。如此一來，因從外側穿透出去所以形狀上將更接近多角化。

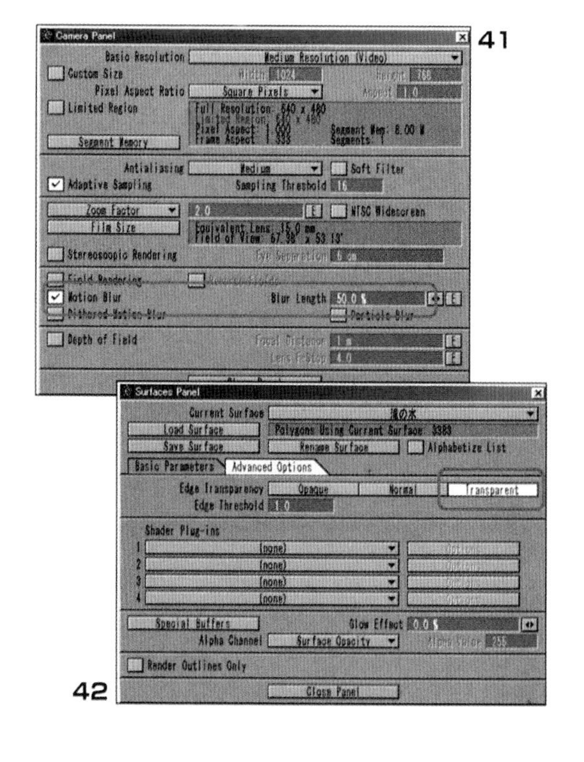

41

42

27. 瀑布的配置

試著增加氣囊狀的原型。感覺上與Surfaces的設定完全相同。不過此材質的流動方向與「Texture Pattern Velocity」中的瀑布不同，將緩慢的往反向移動。剛剛的設定為-100M，在此為2M。

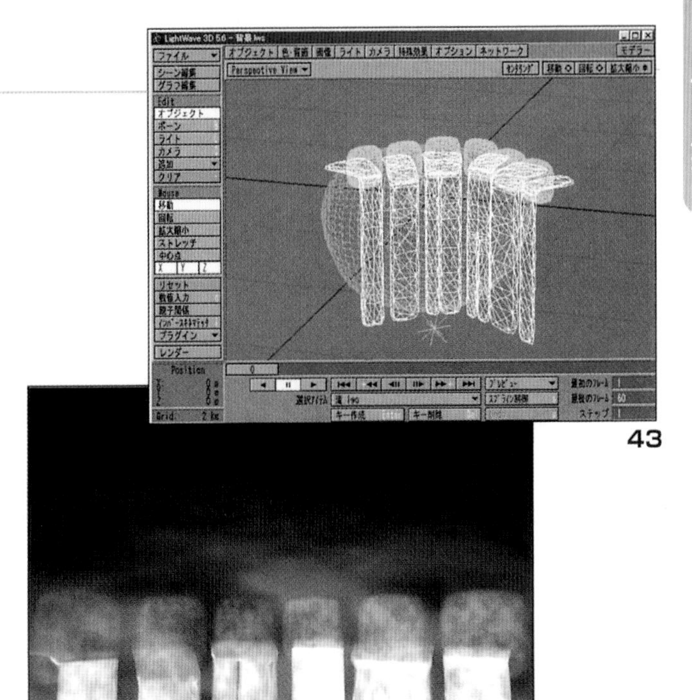

43

44

透過跑圖(Render)後則呈現此種感覺。在此大氣囊為瀑布水流掉落水面時所造成的水氣，小氣囊則為擦過崖壁所形成的水氣。因能明顯的看出小氣囊的原型，所以有些失敗，不過一想到「這部分若與山及人物重疊，便無所謂了」，因此不再修改。

藉由上述的設定，可使靜止畫面中的水由上往下流，水霧也朦朦朧朧的移動，變成一個動態的畫面。希望能介紹更多簡單的動態CG，我想這樣的日子應不會太久。

28. 配置

接著要說的話並不是那麼重要，雖然已追加數個原型，但覺得畫面上還是略顯不足。因已不想再追加製作，所以利用從前的作品加以補足而形成這種感覺。雖然是從前的作品，在此還是與製作瀑布時的過程一樣，以添加網狀、覆蓋jitter、細分化等稍作修整。最初開始製作3D時，還一心想著現在做好的立體資料因可多次使用，往後可輕鬆了。但實際上並非如此，因為技巧進步後自會重新製作。且隨著電腦的發達，改善從前多角化的情況，也能簡單的顯示成品，因而為了作出更好的作品往往會重新製作。

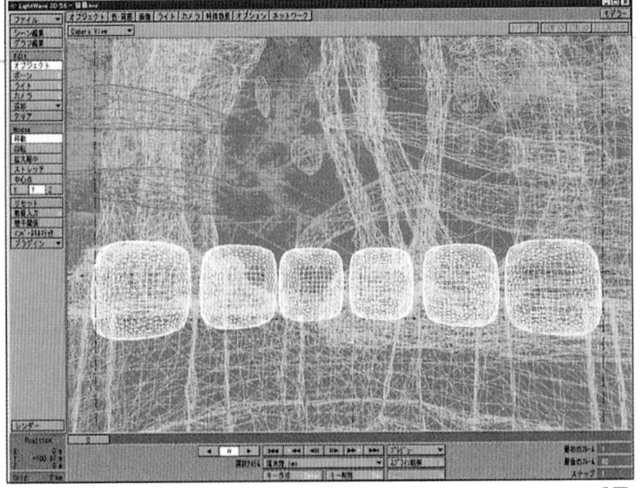

45

29. 霧氣的設定

為作出遠近的效果故進行Fog的設定。將霧氣設定水藍色而漸向遠方延伸的，已忘了這是受到那位插畫家的影響(大概是英國人)。因為一勾選「Backdrop Fog」將看不到貼在背景中的天空影像，所以請勿勾選。另外「Maximum Fog Amount」若為100%，則遠景的山將變成一片水藍色，因此設定應為70%~80%。還有遠景(山)的部分則設定為500Km相當的遠。因製作時想盡量按照實際尺寸，所以才會出現這樣的數字，不過並不表示一定要這麼做。對我來說，若作好的原型尺寸各不相同，在整理時會相當的麻煩，因而養成在平常即以實際尺寸製作的習慣。

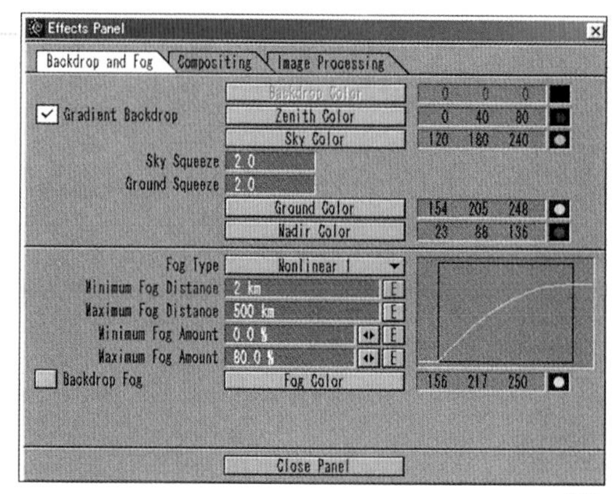

46

跑圖中

此時大家都說睡覺吧!

47

30. 作好囉 !

對本講座交代不清楚之處，深表歉意 。

48

31. 合成

最後便是合成，此為圖層的構成感覺。在此先寫下合成方法及設定。

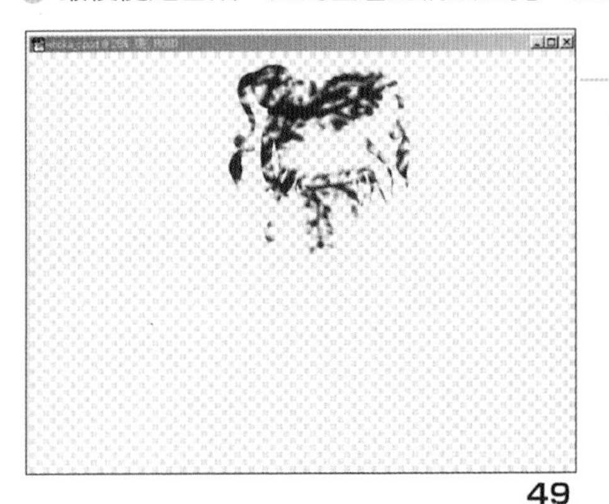

49

◎ 「陰影」圖層‧‧‧‧‧‧..Hard Light（不透明度57%）
所謂「陰影」圖層是利用「LightWave3D」進行樹木的配置，然後移動Alpha輸出的東西蓋住人物，挖開人物的輪廓、作成樹木的陰影。

50

◎ 「水花」圖層‧‧‧‧‧‧‧‧Screen（不透明度48%）
「水花」圖層是利用Photoshop的濾鏡，作成雲彩花樣後而成。採用漸層的方式以避免蓋住人物的臉。

51

◎「封華」圖層‧‧‧‧‧‧‧‧色彩增殖（不透明100%）
雖然會與下方的合成墊糾結在一起，不過只要放置較人物輪廓減少1 Pixel的白色墊子，將人物設定色彩增殖，則其輪廓線條便會溶入背景中，合成的效果也比較好。

52

◎「合成墊」圖層‧‧‧‧‧‧..平常（不透明度100%）
重疊「封華」圖層用的底墊。它的存在很令人遺憾。

53

◎ 「背景」
為表現與人物之間的距離，於整個部分稍微加點「模糊」的效果，只要一~~點點就夠了。

32. 完成

作好囉!雖然製作過程中有許多妥協，但基本上還是要放鬆心情，盡量以愉悅的態度來描繪。多作練習(CG)技巧自會提昇，且為維持原動力，所以請輕鬆自在的好好享受吧!

(c)1998 Kazumi Minagawa

GALLERY

Kazumin

(c)1999 kazumi Minagawa. All Rights Reserved

成瀨千里

◆Karmic Relations!◆
http://www.netlaputa.ne.jp/~naruse/

自我介紹

【筆 名】…… 成瀨千里
並無特別的理由，只是想選一個好讀、好記，看起來可愛、叫起來響亮的名字。幫遊戲軟體中的人物取名時，總是採用這個名字。
【生日】………1978年 6 月 15 日
【住址】………東京都練馬區
………是個充滿漫畫家的地方。
【職業】………邊當學生邊畫畫

使用的機材

【主機】
自組的AT交換機
因為拜託朋友代為組裝，不知是否能稱作自組機。……多作機？(^^；

CPU	Celeron 366 MHz
MEMORY	256M

因最近作畫時感覺並不甚順利，我想可能需再多累積經驗，不過或許是該提昇電腦的等級。

HDD	10GB

【OS】
Windows98S
【Graphics Card】
Millennium G200
喜歡的理由是因為淺色的效果也非常的漂亮。
【螢幕】
EIZO FlexScan E57T
17 Inch 。廉價讓渡得來。
顏色溫度設定在6500K左右，平常會使用防止影像不穩定的濾鏡。
【影像解析度】
1204 ×768 (32 bits color)
【MO】
富士通製品230M
在入稿及支援(back up)時，MO為必需品。
【CD-R】
PLEXTOR PX-R820Ti
在支援(back up)上大都用不著。幾乎完全用於連環漫畫(因為也作CG集)(苦笑)。

周邊機器

【繪圖板】
WACOM 、ArtPad2Pro
一直想改換intuos但不知為什麼卻還繼續使用(^ ^；
目前使用情況還很方便，而且有些捨不得(笑)
【掃描器】
SHARP JX - 250
雖然已經很久了，但這可是與雜誌特集中其他產品相比較、研究後才購買。
因每個廠牌在畫質及色調上多少都有差異，故刊登這種相關資訊的雜誌便發揮很大的作用。
【印表機】
EPSON PM3300C
前幾天才更換，可列印A3尺寸。雖體積較大但安靜且快速，氰色系的顯像也變得更好，印出的顏色與螢幕中所顯示的並無差距。

使用軟體

Painter 5.0J、Photoshop 5.0J
最初以Painter為主，但最近二者使用的程度差不多。比較起來幾乎不使用互相配合的技巧。

1. 準備

首先先準備底稿

以鉛筆畫好底稿。因為我是利用電腦進行描線作業，所以只要在不出現紙張陰影的對比程度下，直接掃瞄底稿即可。因這張底稿是用來描線，並不會反映在最後的影像中，所以不需要過於費心。
本次作品以印刷為前提，故解析度設定為360dpi。若使用HP掃瞄的話，則設定為 100 dpi 即已足夠。不過當提供給同人誌時，因需考慮印刷等情況，故通常設定為 200 dpi。在Painter下開啓底稿，因此底稿與等會兒描線後的線畫需在不同的層次中進行作業，所以利用「選取」→「全選」→「浮動層」將畫有圖像的地方作一浮動層(在Photoshop下則為圖層)，那麼底稿就能移到另一個與底層不同的層次中。

▲底稿

▲浮動層1在「Floater List」中的狀態。

接著，現階段在「Objects : Floater」視窗中應已形成一個名為「浮動層1」的浮動層。敲選此浮動層後，將「Controls」視窗中的合成方式設定為「色彩增殖」，如此一來便能看到畫在底層中的影像。

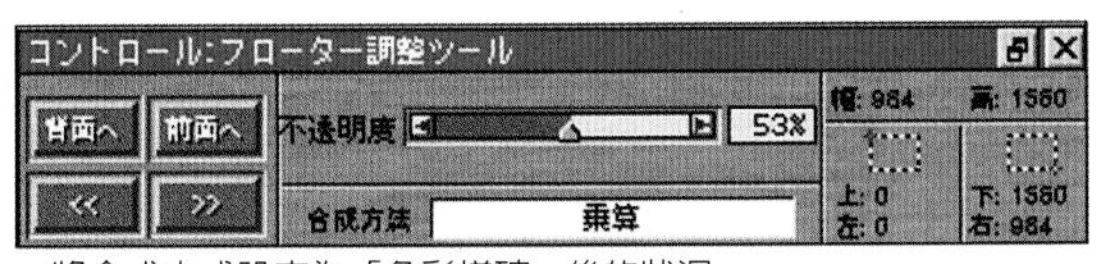

▲將合成方式設定為「色彩增殖」後的狀況

再將「不透明度」降至50%左右，此設定可讓底稿變淡，較容易與描線時的線條做一區分。

▲降低不透明度的狀況

▲不透明度50%的底稿

2. 描線

我想以模擬狀況描繪線條後再掃瞄的方式，應為描線作業的主流。不過比起這種方式，我卻感覺運用電腦描線後，其線條變得滑順而更能彰顯原版圖畫的氣勢，因此採用後者。

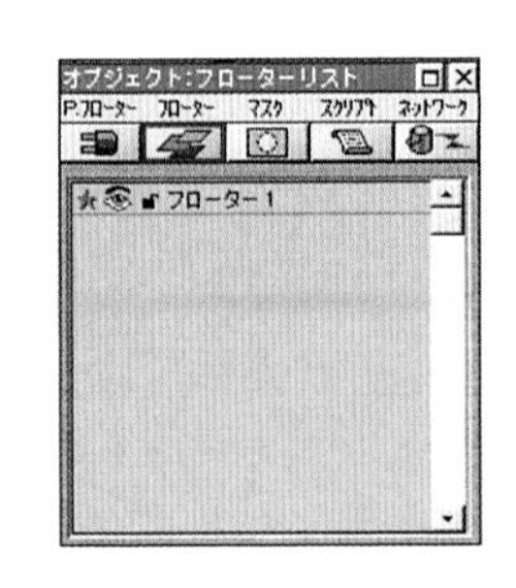

在「Objects : Floater」視窗中，敲一下「浮動層1」以外的地方，便轉移至選擇底層的狀態。描線作業在此層次中進行。因為與Photoshop的作法完全不同，若不習慣的話可能會影響心情呢！（笑）。(^ ^ ；

接著調整筆觸。經過多次的嘗試，若一覺得筆觸不合適的話，在此建議以「編輯」→「環境設定」→「Brush Tracking」來加以調整。

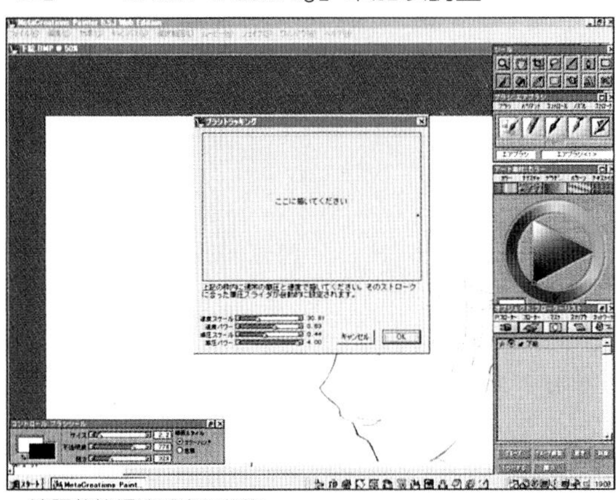

▲邊調整筆觸邊試畫的狀態

沿著底稿嚴謹的描線。

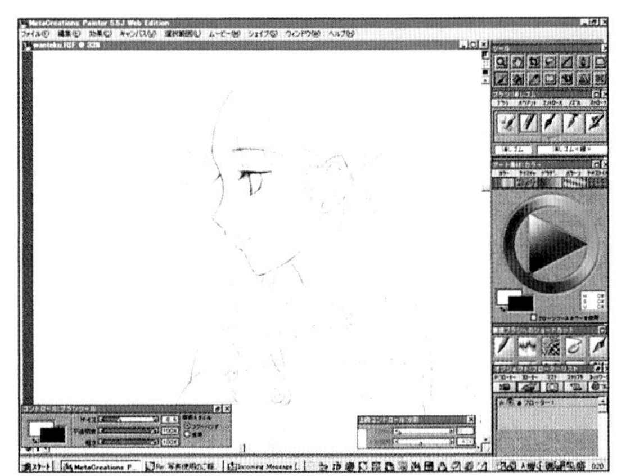

▲謄錄中

☆ONE POINT☆

我的描線工具

調整噴槍的不透明度後，再配合圖畫改變尺寸。

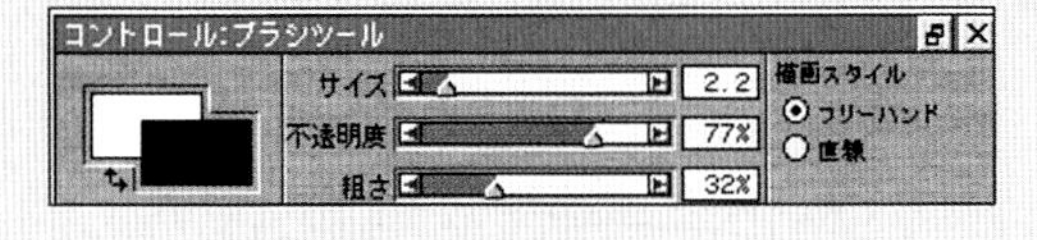

增加「取消」的次數

當不滿意描出的線條時，「取消」這個功能可就非常寶貝。在此建議先做好增加次數的設定。方法為「編輯」→「環境設定」→「取消的設定」。

●在描線時若發現破壞了底稿或覺得不足的時，請不用理會只管繼續的畫。因為在那個時點根本用不著底稿，所以敲一下存有底稿的「浮動層1」中的眼睛符號，變成不可見的狀態(因加工後可能還用得到底稿，所以預先儲存)。

▲消除底稿，完成修正的狀態。因覺得外套還不夠完善因此加以修正。

●放大畫像，修改混亂的線條及細部。

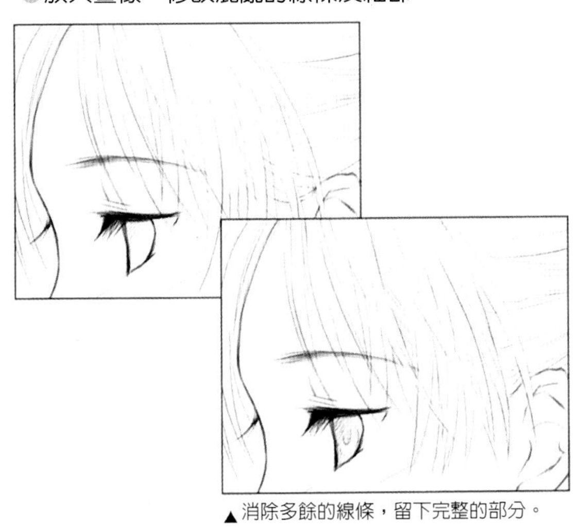

▲消除多餘的線條，留下完整的部分。

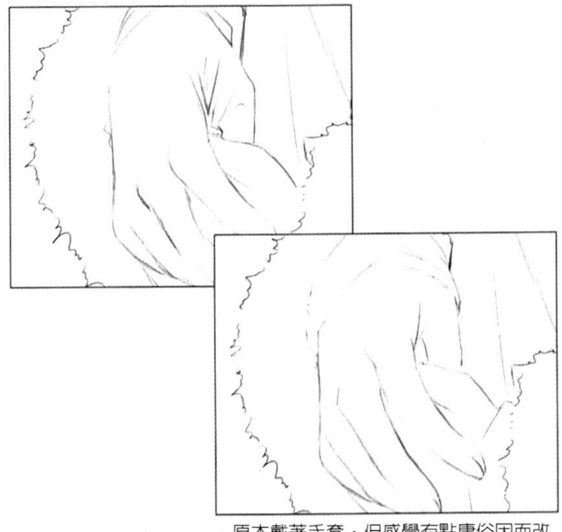

▲原本戴著手套，但感覺有點庸俗因而改成空手

●在此線畫已告完成。為分開接下來的著色及層次作業，需依照先前底稿製成浮動層的步驟將此部分作成浮動層(參考1.準備)。

▲完成線畫。

因黑色的線條有些單調，所以在線畫浮動層的狀態下，以「效果」→「色調處理」→「顏色補正」，在「顏色調整」中試著變換各種顏色。除了浮動層以外，往後也還能進行調整，所以進行至此即可。

▲ 改變顏色後的線畫

3. 著色

本次的著色並不需要很精準，只是想要做出概略的感覺，因此使用Painter的水彩。「使用Painter著色，常出現不均勻的情況，實在是…..」，也曾出現這樣的反應。不過若想均勻的上色，在此建議使用Photoshop或PhotoPaint中具圖層功能的卡通著色軟體，以解決問題。對於Painter在電腦中「如何作出相似的感覺?」的功能不是那麼順手，因此使用Painter時，對於某種程度下的不均勻，便以「這種不均勻的感覺也很好…….」的心態來著色(笑)。

☆ONE POINT☆

材質

Painter之所以會產生不均勻的狀況，原因之一應是「紋理」。在實際的繪圖中「紋理」相當於紙張的種類，Painter中所使用的工具全會受到紋理的影響。
實際上以鉛筆或畫具在凹凸不平與光滑的紙上作畫時，其著色的方式也各不相同，可藉由更改「紋理」隨意的改變描繪的狀態。

不過原始設定的紋理都非常有個性，換言之就是過於俗氣，但我想大部分的人都應該只想以普通的紋理上色才是。在此介紹製作普通紋理紙張(無花紋)的方法。「藝術材料視窗 ： 紋理」→「製作紋理」後，在此視窗中作一設定為「間隔 ： 1.00、角度 ： 0」，然後以「無花紋」的名稱儲存，最後再按「確認」。

這樣一來便在紋理的項下多增添一個「無花紋」的項次。當使用此一項次時，就如同在一張完全光滑的紙面上作畫。

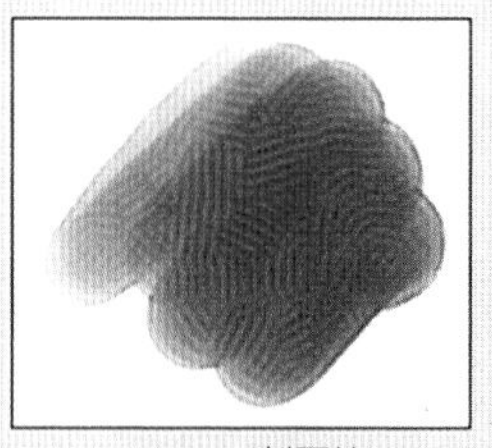

▲Hatching (剖面線)

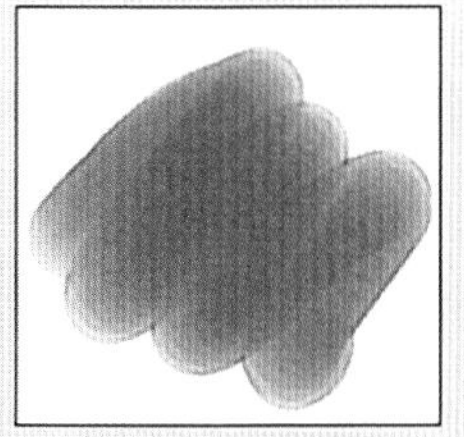

▲波浪狀Pastel (波浪狀彩色蠟筆

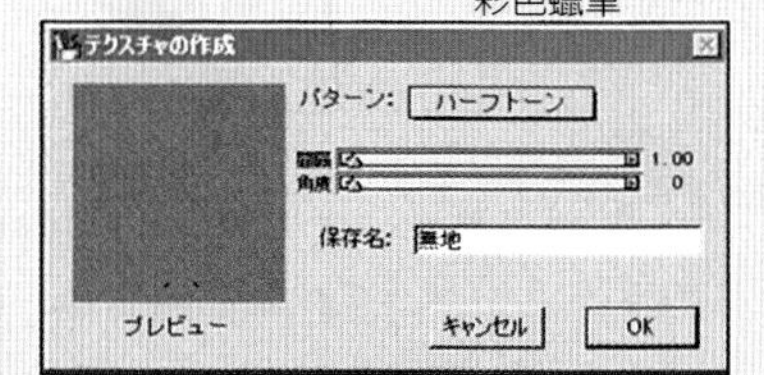

▲製作無花紋的紋理

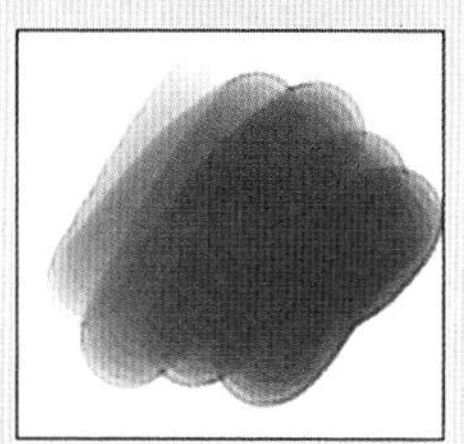

▲完成無花紋的紋理

●再次選擇底層，以水彩工具從皮膚開始著色。至於為什麼從皮膚開始，這應該是習慣問題，還有塗擦皮膚時最快樂(^^;

最初以同一顏色塗擦肌膚部分。擦出線外的部分以後會消除，因此不用太在意。

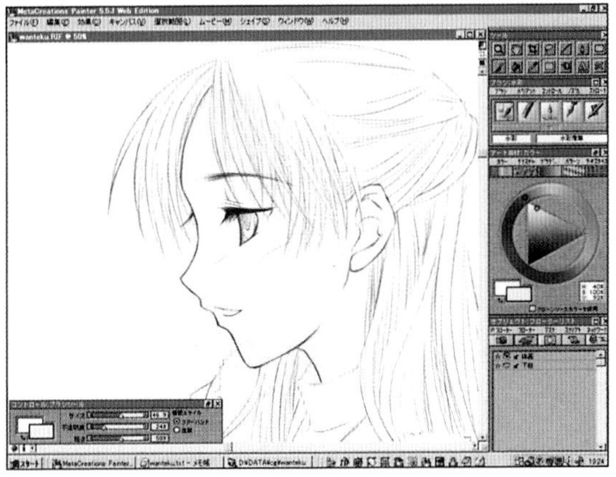

▲肌膚上色中

●慢慢的加深顏色以及添加陰影。

▲已全部上完顏色

●選擇水彩用橡皮擦，消除溢出線外的著色。在此不要太一板一眼，較能模擬出柔軟的感覺。利用「畫布」→「乾燥」步驟將臉部的顏色。

▲已消除多餘的的膚色

☆ONE POINT☆

我的水彩工具

將水彩細筆的不透明度設定在23%，每次使用時再隨時改變尺寸。

コントロール:ブラシツール
サイズ 18.4
不透明度 24%
粗さ 58%
描画スタイル
フリーハンド
直線

▲ 水彩工具

☆ONE POINT☆

水彩用橡皮擦及乾燥

使用水彩工具時若不進行「乾燥」則底層將無法固定。「乾燥」前的水彩不會蓋住以其他工具畫出來的圖畫，而「水彩用橡皮擦」只能消除水彩。相對的普通橡皮擦便不能清除水彩。不過若要消除「乾燥」後的水彩，則需使用普通橡皮擦而非「水彩用橡皮擦」。

藉由重覆使用水彩用橡皮擦及乾燥二個項次，只會乾淨的清除溢出線外的部分而不會消除其他部分。

●以同樣的要領進行頭髮的上色。

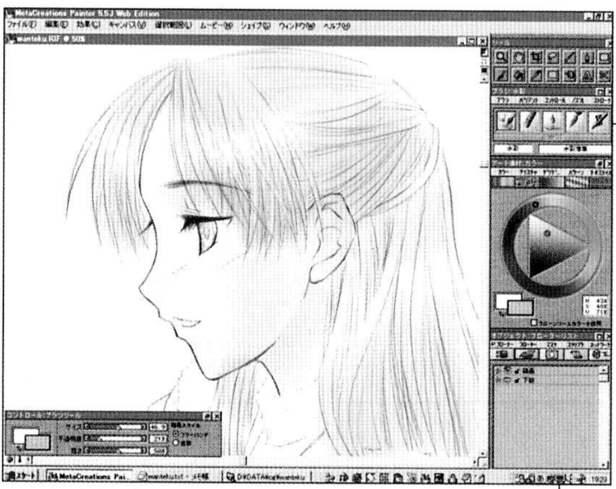

▲最初先塗上相同的顏色

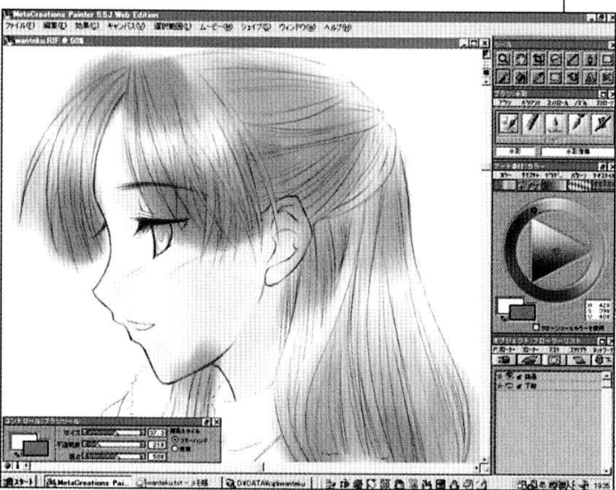

▲加上陰影

▲以「水彩用橡皮擦」清除塗出線外的部分。

●塗完頭髮的顏色後總覺得不滿意，為了方便日後調整顏色，因此預先分開肌膚及浮動層。

首先在頭髮乾燥之前先選取肌膚部分，同前述將底稿作成浮動層的要領，將選取部分轉換成浮動層。然後在合成模式項下選擇「色彩增殖」才能看見下方的圖畫。將肌膚部分移至不同於底層的層次後，再將頭髮的部分進行「乾燥」，固定於底層中。

然後依照將肌膚作成浮動層的步驟，將頭髮也作成浮動層。

因此只要選取頭髮浮動層，進行「調整顏色」等功能的話，便可以只對頭髮部分進行調整。所以因此依據上述方法實際操作，以試著變換各種髮色，在兼顧與線畫間的平衡考量上，選擇同色系感覺較沉穩。

因為在浮動層中並不能使用水彩工具，故再次回到底層以更深的顏色添增頭髮的陰影。即使使用相同的顏色也要經常更換筆尖尺寸，增加陰影的變化。

▲改變髮色後

▲ 正在描繪頭髮的陰影

●以水彩用橡皮擦清除多餘的部分後，大致上頭髮部分可告完成(雖然後續仍需加工⋯..)。

▲ 完成頭髮部分(暫告完成)

若眼睛不上色的話會覺得不夠調和，因此接著先畫眼睛。

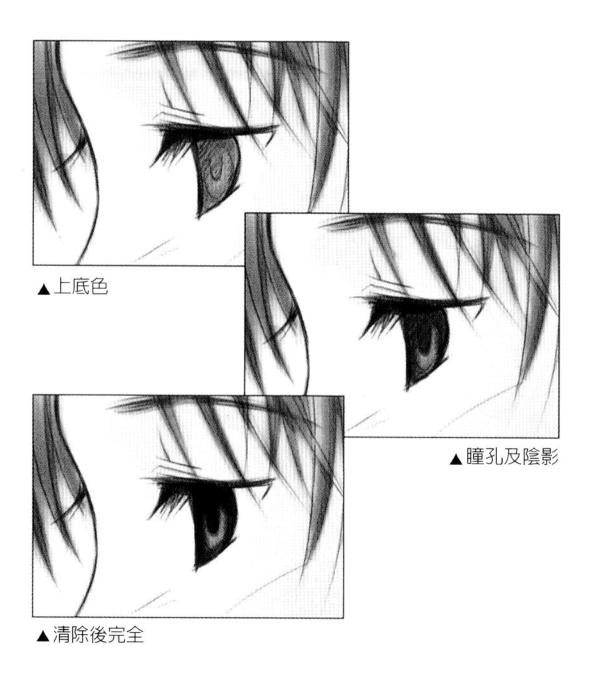

▲上底色

▲瞳孔及陰影

▲清除後完全

因考慮外套與頭髮間的協調性，因此先試試較相配的綠色。因為塗擦範圍廣，所以可調粗筆尖尺寸，以減少不均勻的情況。

▲已清除外套上多餘的著色部分

在外套方面想使用不同於其他部分的質感，在此選用「波浪狀彩色蠟筆」的紙紋。

因往後可能還需改變外套顏色，所以這個部分也要作成浮動層。

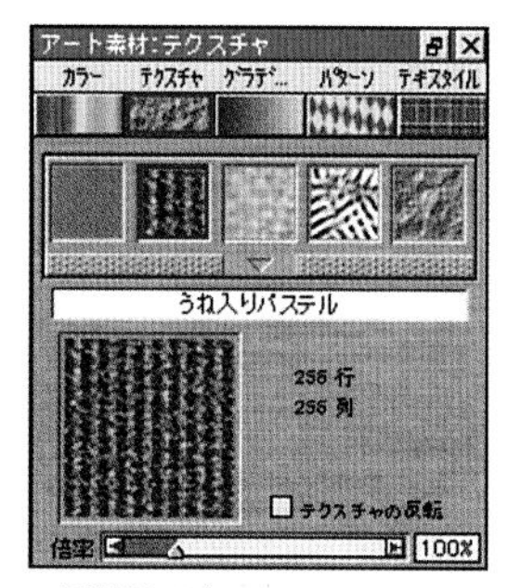

▲紙紋的設定

因眼睛顏色與整體的色調並不協調，故需更改顏色。其實更換顏色的作業可全部歸納後再一起調整，可是一旦覺得不對，便當場進行調整而停不下來，這應該也是我工作效率不高的原因(＾＾;因為眼睛不需作成浮動層而直接置於底層中，為避免其他放置底層部分的顏色也一起改變，因此以套索工具選取眼睛部分，加上顏色補正。

▲顏色補正中

接著為高領口部分。因為塗擦範圍較窄，所以即使其他部分顏色較淺，但只要在此使用深顏色，那麼將有凝聚畫面的效果(雖這麼說，其實主要是想嘗試以黑色衣服搭配格子裙)，因此選擇深色系。

▲領口上色中

▲領口塗擦完畢

為決定裙子的色調，所以重新整理全體畫面的色調。相對於衣服及髮色的強度顯得膚色太淡，故再稍微增添陰影。

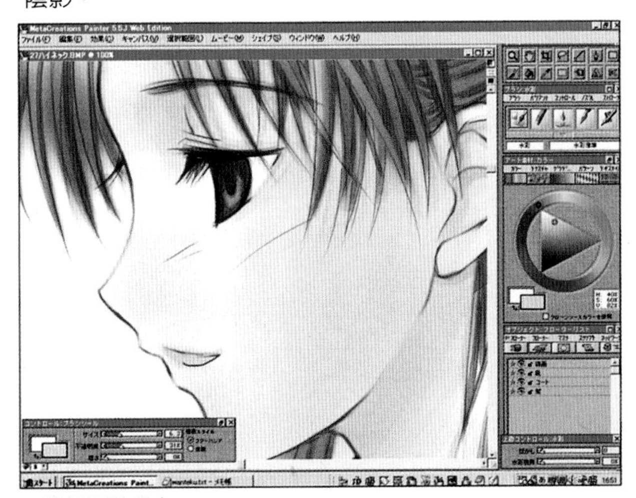

▲皮膚再次上色中

皮膚再次上色中

▲已添加細部的描繪

●將裙子的色調大致設定在紅色系後上色。

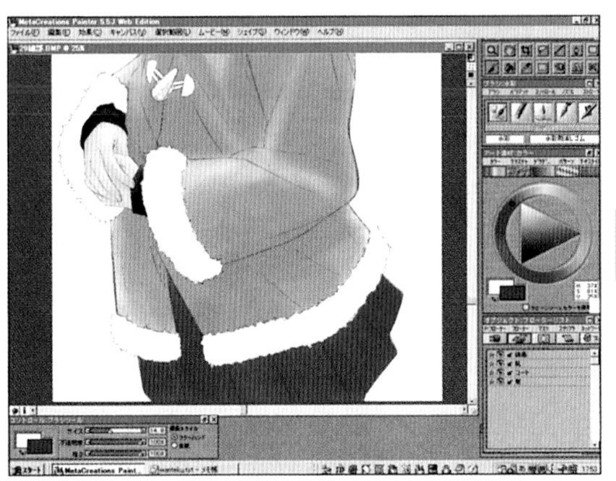

▲上色中

●因為這個部分的顏色以後可能也需再調整，故先作成浮動層。

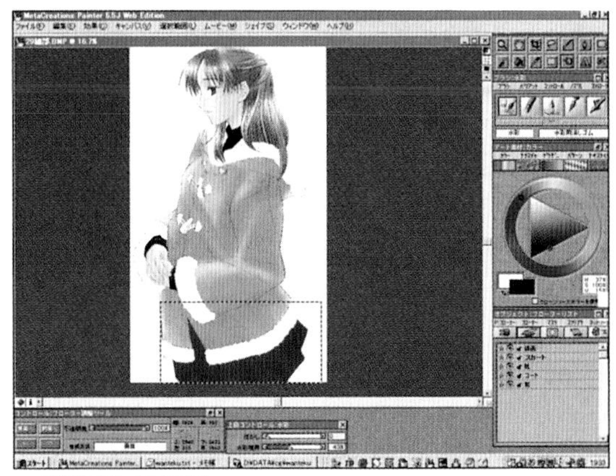

▲將裙子作成浮動層

●選擇裙子浮動層後，調整裙子的顏色，將整條裙子加入格子花樣。

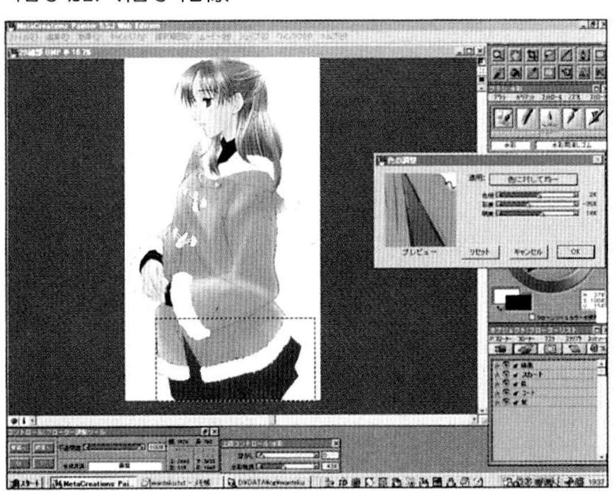

▲將裙子作成浮動層

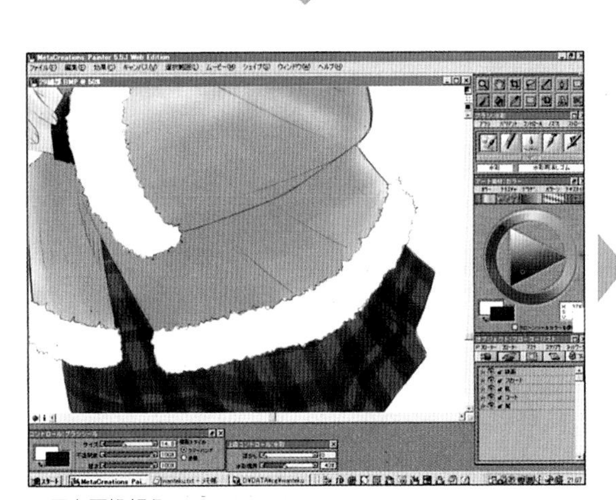

▲正在更換顏色

●總覺得色調有些不對勁而改變主意。換掉格子形狀後改成無花紋的裙子。為搭配裙子的顏色，所以連外套的顏色也做調整。

▲加入格子花樣後

●在決定全體的顏色後，接著決定陰影的色調。因想將背景作成微暗的雪景場面，在考量雪的反射光線下，故設定成淡藍色到紫色。陰影色調的設定，將對反射於陰影上的光線及白色部分的陰影顏色造成影響。另外在外套的密厚處上色。

▲於密厚處上色

●在陰影部分加入反射的光線。

▲紫色的反射光

●於外套中加入陰影

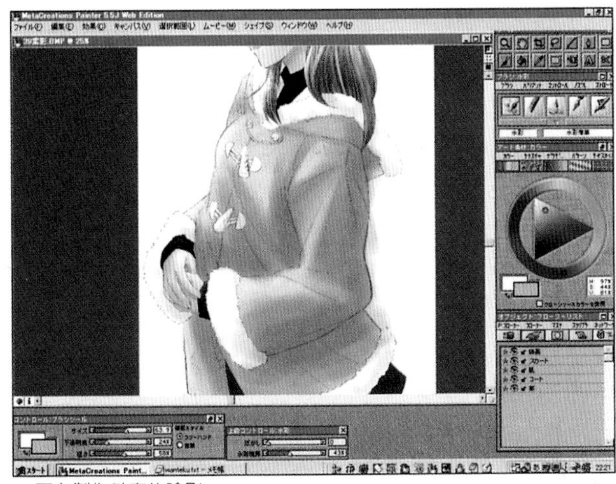

▲正在製作外套的陰影

▲完成外套的陰影

●同樣的在裙子中加上陰影，於尚未塗色的小配件(釦子等)塗上顏色。

▲完成裙子的陰影及小配件的上色

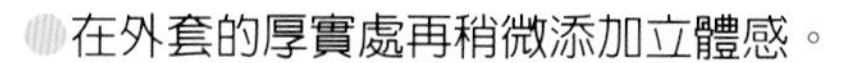

●在外套的厚實處再稍微添加立體感。

▲於外套的厚實處加入陰影

●先考量物體的形狀，最後再完成全體的陰影。

▲加入整體性陰影

●在此階段中，先固定所有構成人物的浮動層。最後再以橡皮擦清除外套厚實處及頭髮等部分多餘的線條。

▲清除多餘的線條

4. 清除

●只要針對浮動層不斷的調整顏色，白色部分便會自然的上色，人物的周遭也不再是純白色。

▲ 本來為白色的周圍已變得有點髒

●可明顯的看出有無使用橡皮擦的差異。

在此使用「亮度補正」，以消掉這個顏色。對於稍帶灰色的部分，因為與背景重疊後將看不出來，所以只要不會太顯眼就行了。若調整過頭反而會改變人物的色調，因此應多注意。

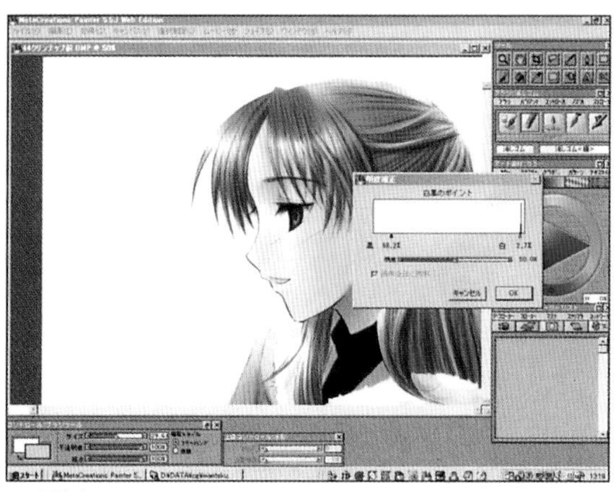

▲清除中

●只要轉動白色與黑色的按鈕，將灰色部分調整成白色。

亮光

●使用新規筆刷中F/X筆刷的glow，於輪廓及頭髮上光線的部分加入亮光。因想呈現沉穩的色調，所以設定值不要太強。

▲正在使用glow（輝光）

▲處理後

接著使用筆刷工具加入亮光。常因為畫得太高興而超過限制，所以在稍嫌不足的程度下便應該停止。(^ ^ ;

▲加進亮光中

▲加入亮光後

影像尺寸

為了將到此階段為止所使用的記憶體及檔案尺寸維持於最小限度中，所以將影像大小設定在能夠緊密收納人物的尺寸。不過在此種狀態下加入背景時，其整體均衡度很差，因此需做一個能收那背景的空間。以「畫布」→「畫布尺寸」增加空白。

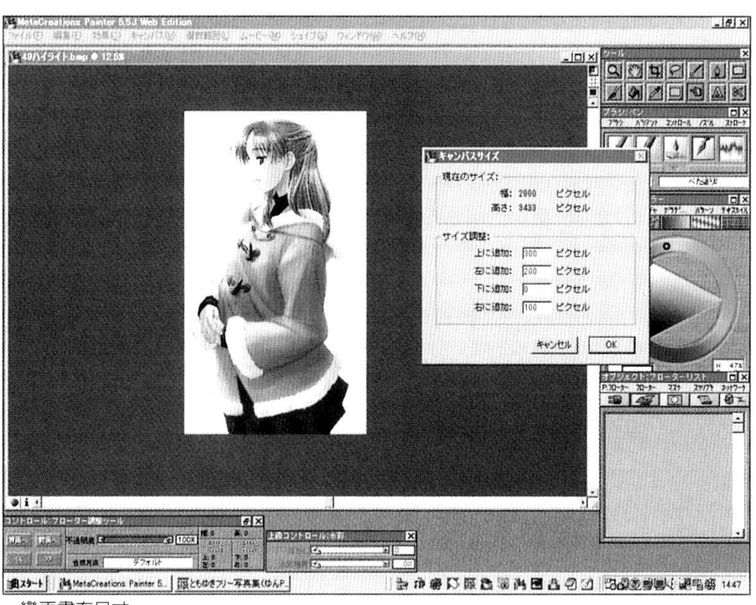

▲變更畫布尺寸

背景處理

●接下來處理人物後方的背景。因為已經沒有力氣用手畫了，所以找了一張氣氛相符合的照片。

▲協助：『yun PhotoGallery』
(http://www.yun.co.jp/~tomo/photo.html)

●人物與背景在合成前，需以「選取」→「全選」→「轉換成浮動層」再度作一個只有人物的浮動層。然後以「選取」→「全選」→「拷貝」處理背景影像後，再以「貼上」→「平常」貼於人物影像上。此時，背景浮動層應該在人物浮動層的上方。

在平時只要將人物浮動層放於背景影像中即可結束，不過依照這次的方式，人物浮動層的周圍將出現白邊，即使以平常模式重疊也只會隱藏住下方的背景。因此將合成模式改為「色彩增殖」，那麼背景與人物便會一起顯現(詳細内容請參考「圖層與浮動層的差異」)。

然後利用橡皮擦消除背景中與人物重疊的地方，另外如果降低橡皮擦的不透明度，那麼邊界線會變得輕飄飄的，則二影像相接處便不會太明顯。

▲使用色彩增殖模式重疊，出現人物與背景相混雜的情況。

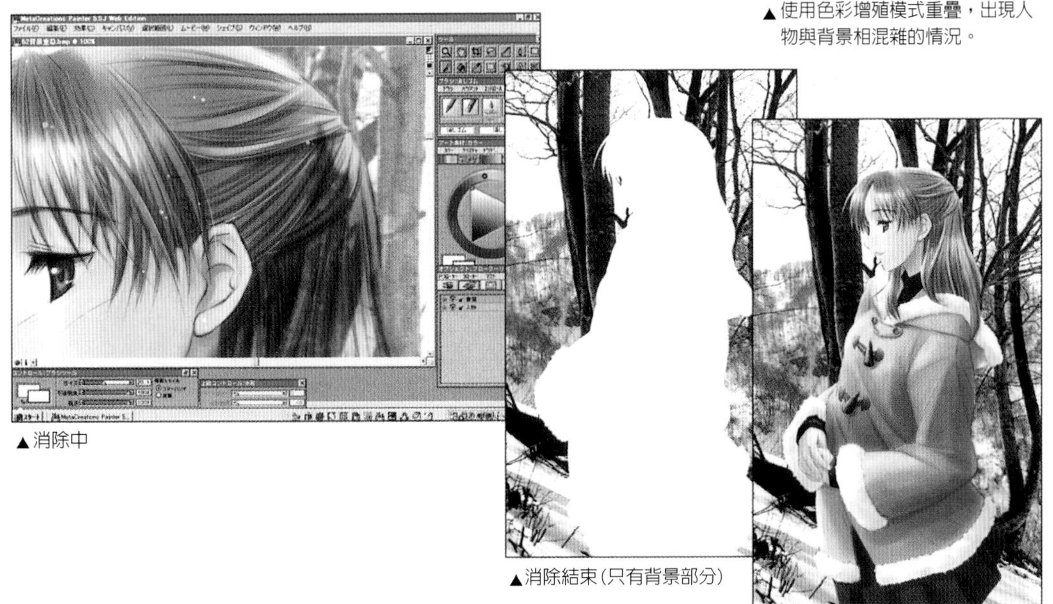

▲消除中

▲消除結束(只有背景部分)

▲合成人物與背

互相對照人物與背景的色調，調整其中不協調的部分。

▲追加輪廓

因背景的色調稍微強烈了點，所以作一個塗滿淡紫色的底層，然後轉換成浮動層再重疊於背景上方，合成模式則設定為柔光。現在的背景便感覺不再那麼強烈。

▲作一個這樣的浮動層後重疊於背景上方

▲背景已完成

「固定」背景影像浮動層，將噴槍的尺寸設定為100左右、顏色則為白色後，以「選取」→「全選」選擇底層，再以「選取」→「將輪廓作成Stroke」於背景的外圍作一個白色的框線。

▲作成Stroke後

至此Painter的作業已告結束。在修飾方面，因為用慣Photoshop的文字工具等等故需轉換，因此以PSD儲存影像。

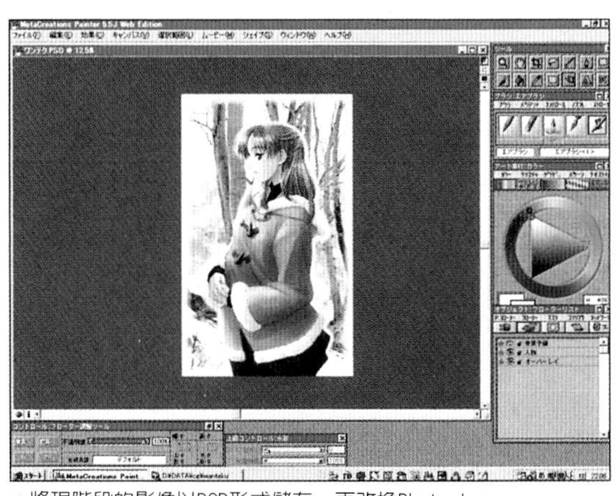

▲將現階段的影像以PSD形式儲存，再改換Photoshop。

☆ONE POINT☆

圖層與浮動層的差異

在Photoshop之下，可將一個空白單元(Cell)隨時作新增，其上方可使用噴槍等任何工具。比起這一點，在Painter之下則一定要有底層才能轉換成浮動層，還有如噴槍或者水彩等較柔和、邊界線較不明顯的物件，需先全選後，再當成一張不透明的紙以轉換成浮動層。若不這麼做便無法做成浮動層。

在最後將背景置於人物下方時，如在Photoshop下，除了用來著色、描繪的地方以外，其他部分則全部為透明，所以只要將這部分放在人物上方即可結束。而在Painter之下，因剪下底層的所有顏色(除著色以外的白色部分)作成浮動層，所以若只是以「平常」模式將人物浮動層放在背景上方，則無法透視下方。如將人物浮動層的合成方式設定為色彩增殖，雖看得到下方，但如此一來這次的背景將與人物一同被色彩增殖而失去意義。

因此我便利用橡皮擦消除背景影像中的人物部分。雖然有些麻煩，但因為不喜歡反反覆覆的使用選取，所以……。這樣一來，便作出背景影像的底層、也就是呈現紙張顏色(白)，接著就能將人物部分放進背景之上。

8. 修飾

●為做最後的修飾，所以轉換至Photoshop以便使用較習慣的文字等工具。在Painter下以RIF儲存後，再以PSD儲存，然後在Photoshop中開啓此一檔案。

▲放入文字後

▶ 完成下雪的狀態

3分Banner Cooking

在此簡單介紹Home Page中Banner的作法。

準備預定使用的畫像。

雖然也可利用Photoshop製作，但處理上有些煩雜，因此我使用的是Free Soft的Dibas。在此的作業說明皆以Dibas為前提，不過應該也能運用於其他軟體。(^ ^ ;

使用放大鏡將影像縮至25%(全體皆能顯示於畫面上的程度)，以Trimming Tool修整欲使用於Banner的部分。不需太在意尺寸，只要設定橫長或縱長即可(此時以新增畫面進行製作較方便)。

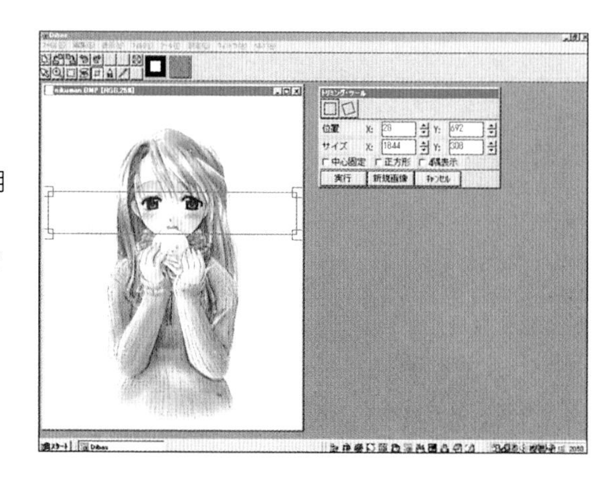

將上述製成的畫像以「編輯」→「變更尺寸」作成Banner Size。因Banner Size的尺寸為200×40 像素，總之將較短的一方設定成40像速素。

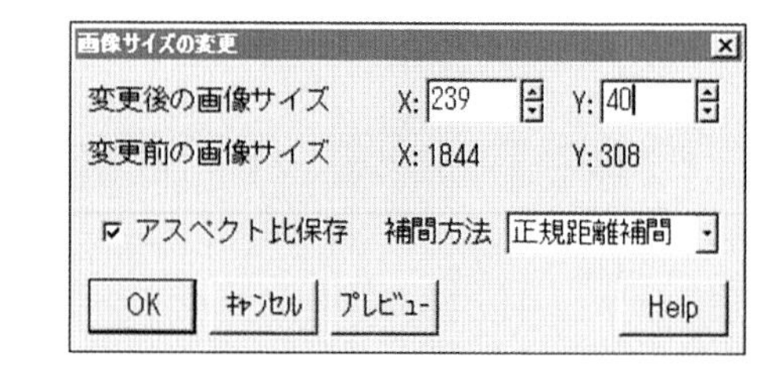

將縱長尺寸中經修整的部分以「編輯」→「回轉」變更成橫長尺寸。此時，選用順時針方向或半順時針方向，其感覺將有很大的變化，因此請多用心。

在不斷的反覆操作下，將產生數個候選作品(通常我會做上10個左右(^ ^;)

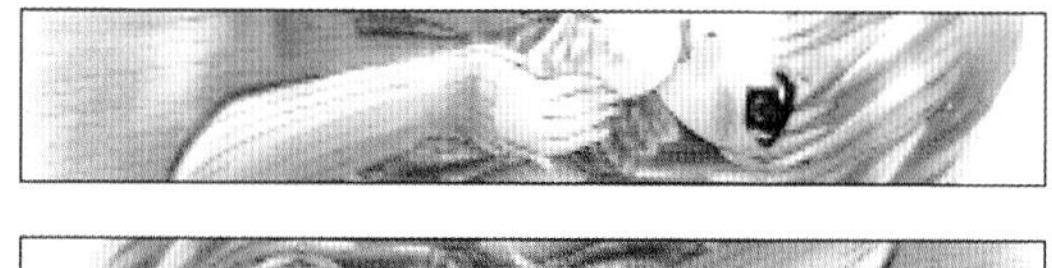

將完成的作品並序排列，從中挑選一張最滿意的作品後，以BMP儲存，移至Photoshop。

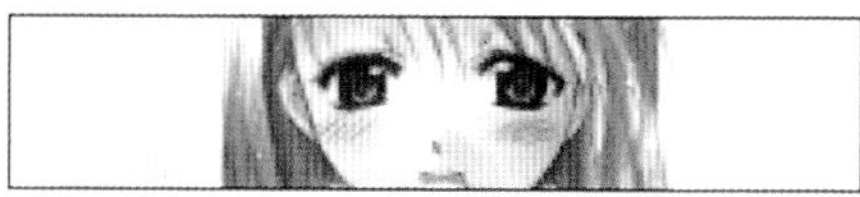

當挑選出用來當Banner的作品後，以「影像」→「影像尺寸」將寬度尺寸設定為200像素，裁切側邊多餘的部分。

以「選取」→「全選」選擇圖像，在「編輯」→「剪下」後，再以「編輯」→「貼上」轉移至圖層。

在此為預留放置文字的空間，所以移動圖像圖層作一空間。

接著放入文字。基本上表現標提也是件重要的事，但如果整體的氣氛不佳的話，不是敲一敲鍵盤便能解決。因此就我來講，氣氛遠比文字清不清楚來得重要。(＾＾；

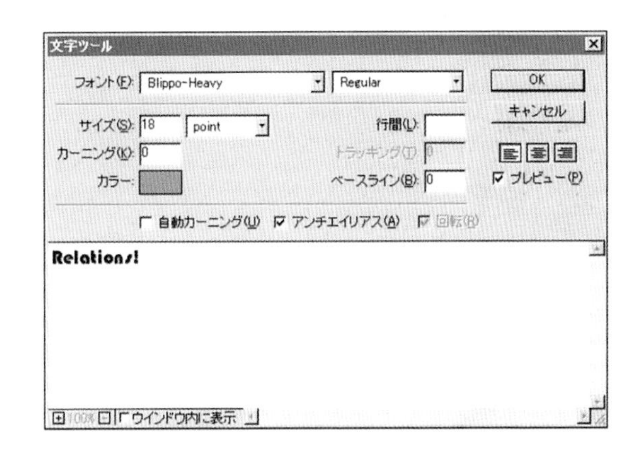

文字看起來有些單調，所以利用「圖層」→「效果」→「陰影(內側)」加入陰影。

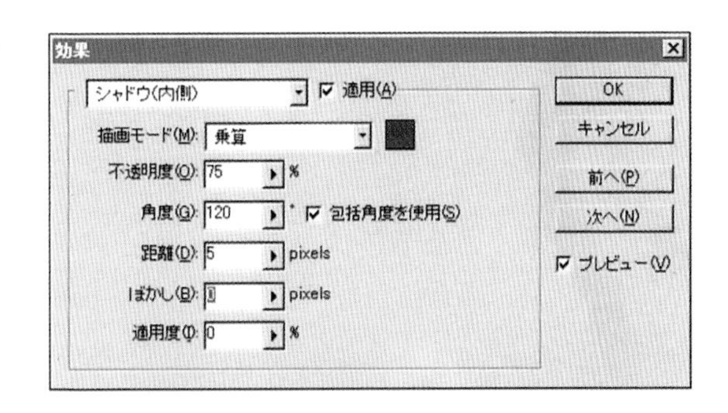

以「影像」→「色階」→「色相 / 飽和度」變更文字顏色。

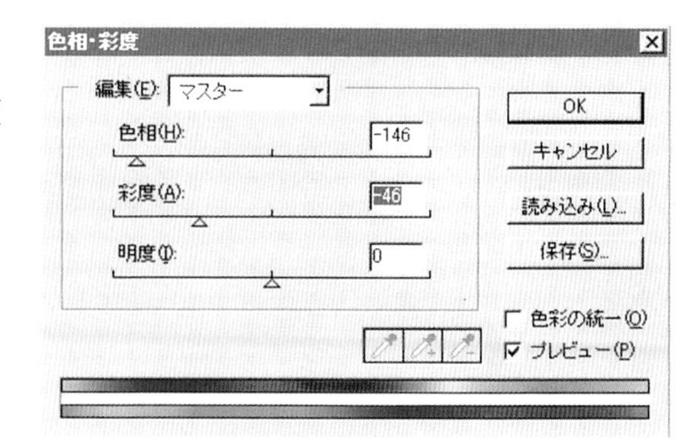

像這樣的感覺也不錯，但為營造出想按紐的感覺，所以加入如鈕釦般的凹凸效果。先新增一個圖層後，全部塗上灰色。將「圖層」→「效果」→「斜角及浮雕」作成的物件重疊於那個圖層上。(若為Painter時，則使用P. Floater的傾斜。這個作法或許較具柔軟、蓬鬆的感覺)。

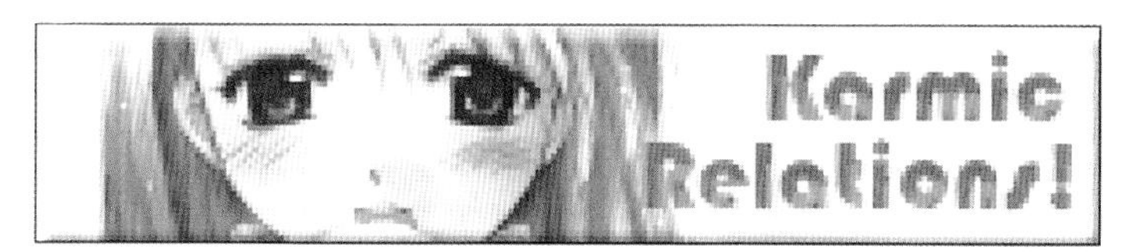

大功告成~。雖然嘗試四處移動位置、變更各種尺寸，但最終還是設定在200×40。

比較Painter 5.0 與Photoshop 5.0 的描線用途

最後再稍微的檢查。

接下來以這張底稿，比較以Painter 與Photoshop所做的描線作業。

Painter

▲使用Painter 進行描線

▲使用Painter 完成描線

使用噴槍工具(不透明度77%)

因筆觸的感應較敏銳，所以筆觸強弱的優缺點皆容易反應在繪圖板上。能描繪出頭髮前端等處的強弱，描繪曲線時不太會反應出手的振動，所以線條也較滑順。

Photoshop

▲使用Photoshop進行描線

▲使用Photoshop完成描線

併用噴槍(勾選強度、描繪色)、鋼筆工具(勾選尺寸、不透明度、描繪色)

感覺上比Painter柔軟。因筆觸感應的關係較無法表現強弱，因此適合畫直線，但描繪輪廓時，其表現程度略顯不足。還有畫曲線時也會直接顯示出手部的震動，很難畫出漂亮的線條。當然因為平常都使用Painter，所以對Photoshop的鋼筆也較不習慣。

為某一展示會所製作的成品
人物方面使用Painter，最後的背景合成及配置則使用Photoshop。

用於CG集的作品
直接使用鉛筆底稿來製作，著色時則使用Photoshop的噴槍。

Kato

加藤

自我介紹

【筆名】………加藤

【本名】………內藤

【生日】………1973年 6 月 17 日

【住所】………新宿

嗚呼、我等加藤隼戦斗隊

http://www.mars.dti.ne.jp/~naitou/

使用的機材

【主機1】

自組AT互換機

CPU　Inter Celeron 300A (504 ~ 526 MHz : 依氣溫做調整)

MAZA　Abit BX6-2.0

RAID　Mylex BT-950R

IBM DCAS34330W (UltraWide4GB) ×2 : RAID 0

MEMORY　PC 100 - 128MB ×2

Video　Canopus SPECTRA5400PE (紅色系較強……)

CD - R　JVC　XR-W2010

【螢幕】

Ilyama 22 Inch 1600 ×1200 ×32 bit

周邊機器

【繪圖板】

WACOM　i - 600USB

【掃描器】

EPSON　GT-7000U

【印表機】

EPSON PM-3000U

【OS】

Windows98(超安定)

【Software】

PhotoShop 5.02

STAEDTLER 的0.3 m/m 自動鉛筆

Project Paper

燈光箱 (描繪台)

Art Color 原稿用紙

證券用墨水

Nikko Sag nium筆

1. 畫草稿

先在報告紙(Report Pad)上打草稿。此作業是最費時的一部分。順便一提，為完成這個貓耳 — 美特小姐需畫上10張左右的草稿。

▲於報告紙(Report Pad)上打草稿

2. 描繪、打稿、描線

完成草稿後，以此為基礎加以修正、潤飾至接進完成的程度。然後為整合線條，所以利用燈光箱描繪後再描線。

大部分的人都以鉛筆底稿直接進行掃瞄，但因為線條較淺有很多不清楚的雜線，所以便在謄稿的想法下進行描線及運用橡皮擦。到此為止與普通的描繪原稿並無兩樣。之後的狀態便是直接貼上原稿顏色或者利用電腦上色(此後連原稿顏色也打算利用電腦處理)。

▲描繪草稿後進行描線作業

3. 掃描

以掃描器讀取描線後的原稿。(「檔案」→「載入」→「從對應TWAIN32機器中讀取」)。→1

基本上若只要能顯示在螢幕上則設定值為200~300dpi，若以輸出為前提則為400~600dpi。不過若以600dpi載入大尺寸的原稿，影像尺寸會明顯的變大，那麼之後的著色作業會較辛苦。在那種情況下，最好調整解析度。也就是兼顧原畫稿尺寸及自己機器的規格。

因本次為A4尺寸，故使用400dpi載入。而原畫稿已完成描線，所以以黑白點陣圖載入。→2

①

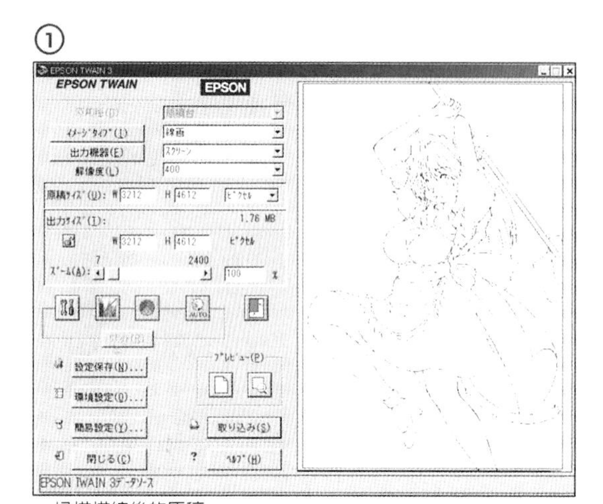

▲掃描描線後的原稿

②

▲原畫稿已完成描線，所以黑白點陣圖載入。

4. 清除污點

在讀取後的影像中會出現紙張的汙點及雜亂的鉛筆線條，所以需以橡皮擦消除，再以鉛筆工具修補讀取時斷掉的線條。若過於專注將無法結束，所以只要適度修正即可。

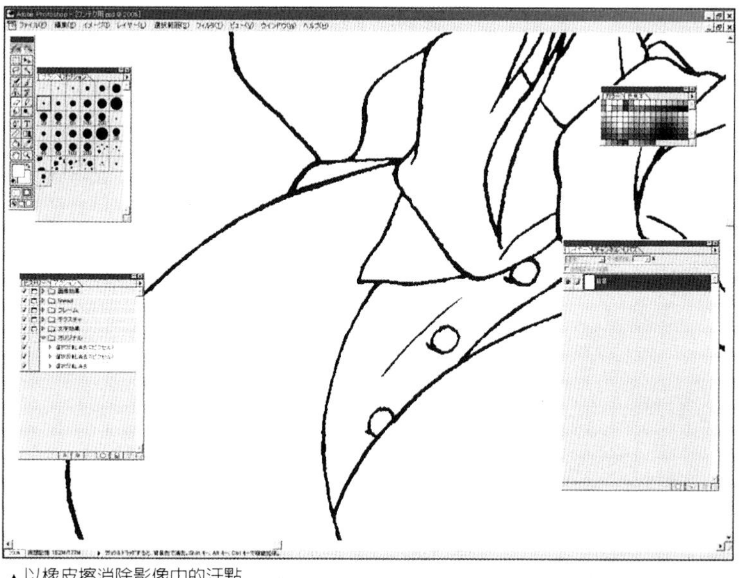

▲以橡皮擦消除影像中的汙點

5. 變換色彩模式

基本上以顯示於螢幕上為前提的作業應使用RGB模式，但若以印刷為前提的話則為CMYK模式。雖然最近的列表機也能完美的處理RGB模式的影像然後輸出，但為能盡量依照螢幕所顯示的感覺，毫無差異的輸出，所以還是以CMYK的模式進行作業。

以「影像」→「模式」來選擇點陣圖→CMYK，以變換模式(無法從點陣圖直接變換成CMYK)。

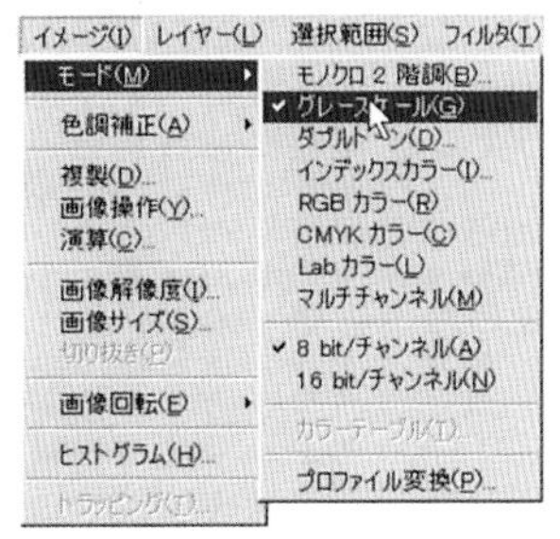

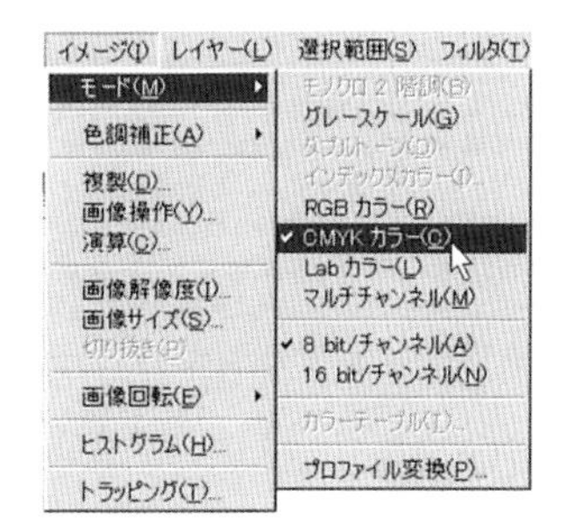

▲於模式中選擇灰階後，再轉換成CMYK模式

6. 抽出主線

因這時只是黑白二色的影像，所以消除多餘的白色部分後抽出主線。將預定上色的部分透明化，以作成類似卡通元件的樣子。

抽出主線的過程如下，以「選取」→「全選」選擇背景後，再以「編輯」→「剪下」裁切。打開色版視窗、新增一個Alpha色版，以「編輯」→「貼上」將裁切下的背景貼到此色版。→1回到圖層視窗後，新增一個圖層(名稱為”主線”)，將剛剛製作的Alpha色版當成選取範圍讀進來。以「選取」→「載入選取範圍」選擇Alpha色版1，然後只要一勾選反轉，便會把主線的黑色部分視為選取範圍而載入。→2

然後若以黑色塗滿選取範圍，在「編輯」→「填滿(黑)」之後，在新圖層中完成主線。→3

留下”主線”圖層，刪除背景圖層。→4

因利用上述一系列的過程就能簡單的抽出主線，所以登錄在Action Pallet也不錯。對了，抽出主線後，便可刪除Alpha色版。

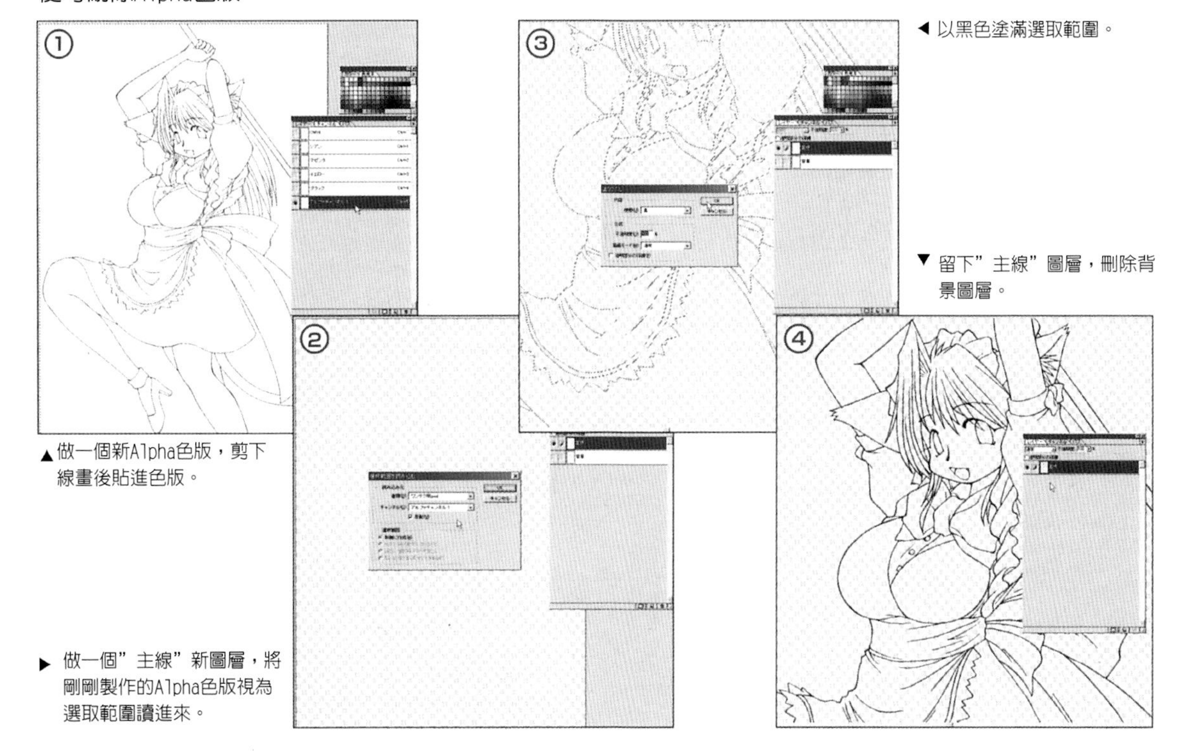

▲做一個新Alpha色版，剪下線畫後貼進色版。

▶做一個”主線”新圖層，將剛剛製作的Alpha色版視為選取範圍讀進來。

◀以黑色塗滿選取範圍。

▼留下”主線”圖層，刪除背景圖層。

7. 作一選取範圍用圖層及基本圖層

當初剛使用Phtotshop時，將各個區域登錄在Alpha色版中，雖然色版的數量大~為增加(有點誇張…)，但只要一個圖層便能登錄所有的選取範圍，真的非常方便。這就是製作選取範圍用圖層的原因。將區域(其實是以線條圈住的小範圍)分別塗成數種顏色，當成日後著色範圍的基準。→1

藉此將形成決定日後上色的選取範圍圖層，所以上色時請注意盡量不要畫出線外或留下空白。雖是個單純的作業但卻相當費時。因此圖層是用來決定選取範圍，所以分色塗擦的時候，並不需特別的挑選顏色。但是不可與相鄰的顏色重覆。→2

因為接著將在其上方重疊圖層、著色，所以在隱藏選取範圍圖層&著色用基礎的用意下，再準備一個背景以外部分的圖層後，塗滿白色。如此便可隱藏選取範圍圖層，而這個基礎圖層也將變成人物用畫布。→3

▲於各個著色範圍基準中分別塗擦各種顏色

▲完成各個基準的上色

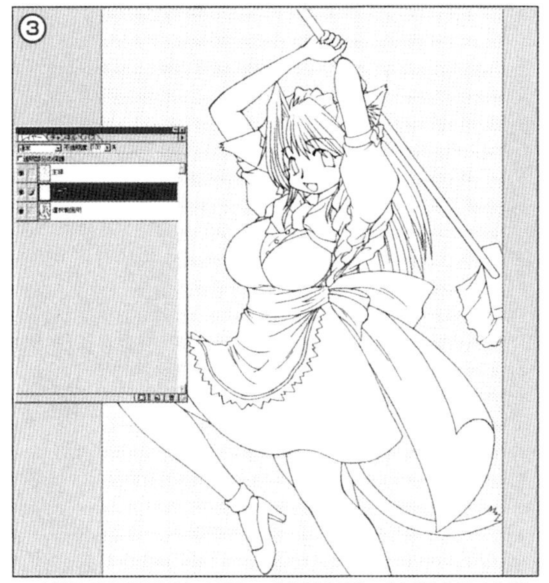

▲在選取範圍用圖層上方製作一個基礎圖層，此圖層中的人物部分全塗成白色。

8. 皮膚的著色

接著可開始上色囉!但在這之前需先處理各種視窗……

作業時的螢幕解析度為1600×1200。另外在畫面上若打開太多視窗反而影響作業，因此只要選擇平時較常使用的視窗即可。在此打開基本的工具視窗、圖層視窗(與色版、路徑共用)、筆刷視窗(與選項共用)、動作視窗(與步驟記錄共用)、顏色視窗(與色票共用)共5種。這樣好像多了點。→1

將預先儲存的色票檔案貼入選取範圍用圖層的空白處，先塗上膚色。為什麼先塗皮膚呢?……..沒有理由。這是種感覺問題，因上色的對象是人物，所以想從基礎部分開始著色…。新增一個圖層然後大範圍的概略上色。因感覺亮光所以先消除，之後再塗上白色即可。順便一提，著色時主要的工具為噴槍。
為配合繪圖板的筆觸強度，故上色時設定在10~15%左右。→ 2
結束後，以自動選取工具從選取範圍用圖層中選擇配件，然後以「反轉」→「刪除」剪下配件。將「反轉」→「刪除」→「取消選取」登錄於動作功能中。如此只要一個動作便能剪下配件。→3
真是太~方便了！ 接下來其他部分的處理方式也是新增圖層→然後大範圍的概略上色。→4、5

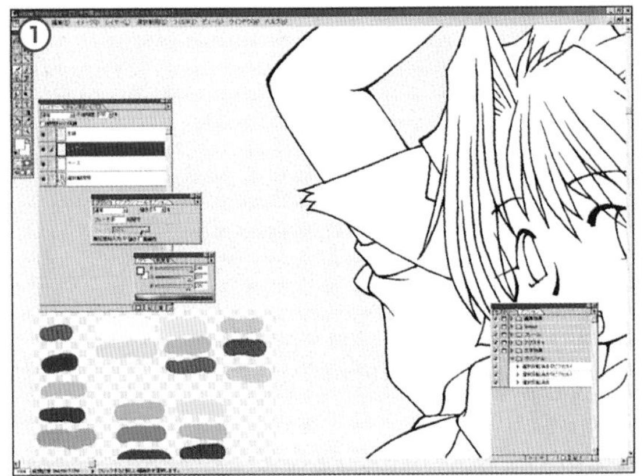
▲選擇平時較常使用的視窗

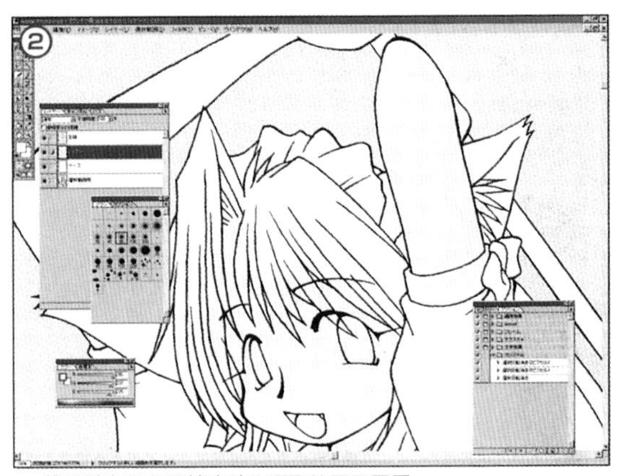
▲將已儲存的色票檔案貼入選取範圍用圖層。

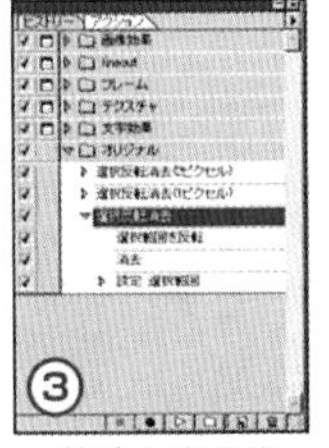
▲快速上完色後，消除溢出線外的色彩。因常使用這個操作，因此可登錄於活動功能之下。

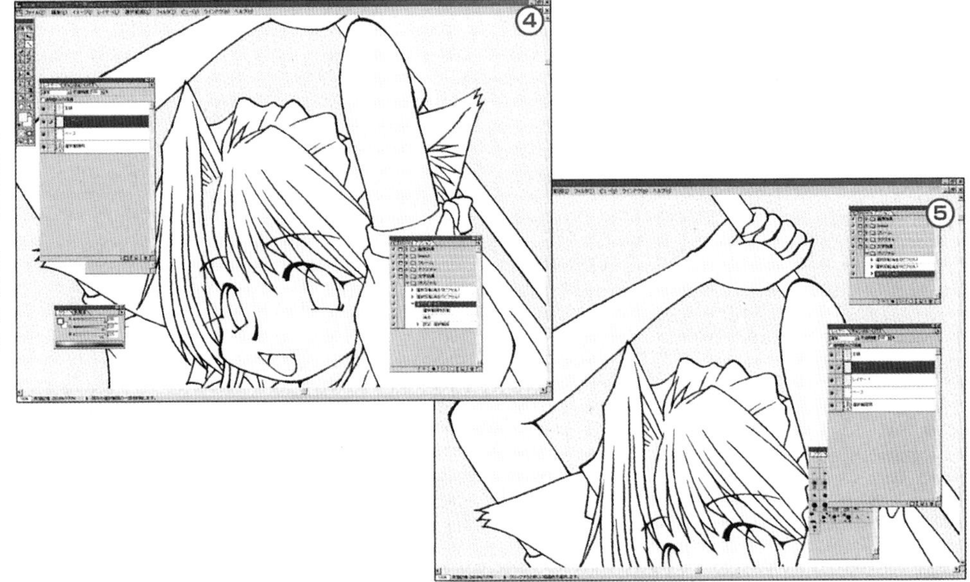
▲利用選取範圍用圖層中分別上色的區域，將溢出線外的部分清除乾淨。

利用上述「新增圖層的方式大概的上色後，合併各個區域圖層，統稱為”肌膚”。→ 5

其次為皮膚陰影部分。先將圖層模式設定為色彩增殖，然後塗上剛剛所使用的膚色或感覺更深的膚色(補充說明 ： 雖在CMYK模式下上色，但如果將色彩視窗預先設定成RGB模式，就可依照直覺上色，相當的方便)。→ 6

所謂色彩增殖模式就如同字面解釋，將下方圖層的某一顏色設定於前景模式下，可加深的顏色，也就是顏色變深。利用這個方式便不需再新作陰影用顏色，非常方便。且陰影界線較自然、顏色也較厚實，所以是我最近慣用的手法。基本上對於頭髮等部分，也是採用這個方式。至此，肌膚的著色已告完成。→7

暫時先合併肌膚與肌膚陰影二個圖層。

▲概略上色後，合併各個著色圖層，統稱為”肌膚”。

▲做一個色彩增殖模式的圖層，加入肌膚陰影

▲肌膚部分全部加上陰影。

9. 頭髮的上色

新增圖層塗上基本顏色，不需理會亮光問題全部塗滿。→1

因頭髮本身比其他部分更具光澤，所以之後需加上亮光或白色。陰影的基本塗法與肌膚相同。在色彩增殖的圖層中增厚顏色後，以指尖工具使用自製筆刷，處理天使環的邊界線。→ 2

在指尖工具使用Custom Brush塗色時(參考ONE POINT LESSON CORNER)，能美化天使環的鋸齒狀邊界。→3

至於天使環的亮光，應在螢幕模式圖層中塗擦第一段的亮光，然後第二段亮光則塗上白色。所謂螢幕模式是指設定圖層中某一顏色及前景的反轉值模式下，亮度將比原本所塗顏色提高。也就是會變亮。→ 4、5

塗完亮光後，接著為陰影。在色彩增殖模式的圖層中塗上比基本色更深的顏色。→ 6

當然也是利用指尖工具將邊界線處理成鋸齒狀。將陰影圖層移至亮光圖層下方後，再新增一個色彩增殖圖層，加入陰影以描繪出頭髮的層次感。→7

全部結束後，調整亮光、陰影圖層的色調後合併。→8

然後為凸顯天使環的鋸齒狀邊線，因此使用非銳利化遮色片濾鏡，即為「濾鏡」→「銳利化」→「非銳利化遮色片」(“總量”表示銳利程度，數值越高越能強調邊線。還有高反差為指定適用部分，數值小則表示整個影像皆銳利化)。→9

選取範圍後裁剪(消除溢出線外的著色)，最後結束頭髮的上色。→10

▲在新增圖層中塗上頭髮的基本顏色。

▲做一個色彩增殖模式的圖層，加上頭髮的陰影。

▲使用自製筆刷作出”鋸齒狀的天使環”。

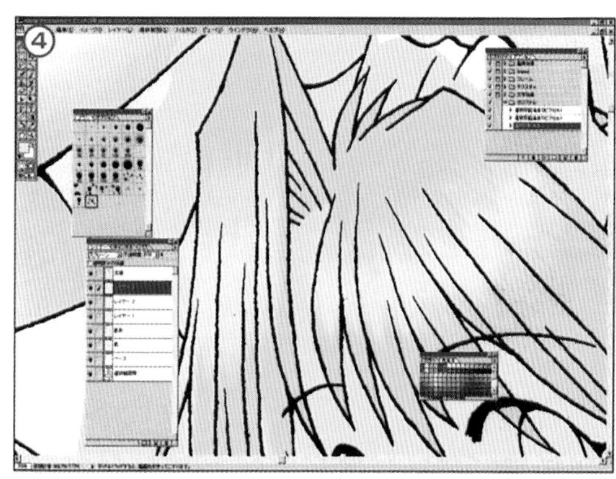

▲做一個亮光模式的圖層，於天使環中加入亮光。

▲再做一個第二段亮光模式圖層，以白色作出天使環的亮光。

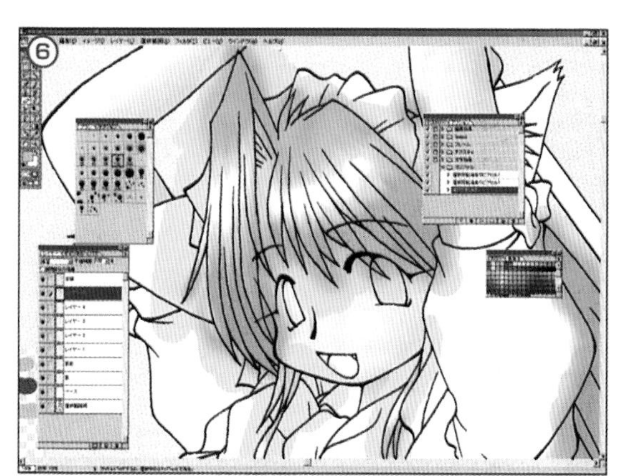

▲以較深的顏色作成頭髮的陰影，然後將此圖層移至亮光圖層的上方。

▲以更深的顏色作出頭髮的層次感。

▲調整亮光、陰影圖層的色調後合併。

▲為凸顯天使環的鋸齒狀邊線，因此使用銳利化遮色片濾鏡。

▲消除溢出線外的著色，最後結束頭髮的上色。

☆ ONE POINT LESSON CORNER ☆
自製筆刷的作法

新增一個圖層，以黑色的噴槍隨意的打出點狀。依據頭髮著色範圍決定點狀大小，然後作出2、3個點。

除了作出黑點的圖層之外，其他全部設定於不可看狀態。之後以矩形圈取點狀。

從筆刷功能列中的下拉式視窗中，選取定義筆刷，那麼就能將剛才矩形範圍內的黑點登錄成新的筆刷。

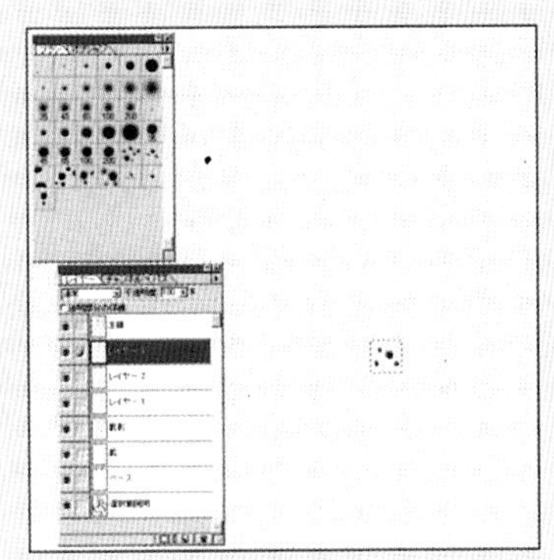

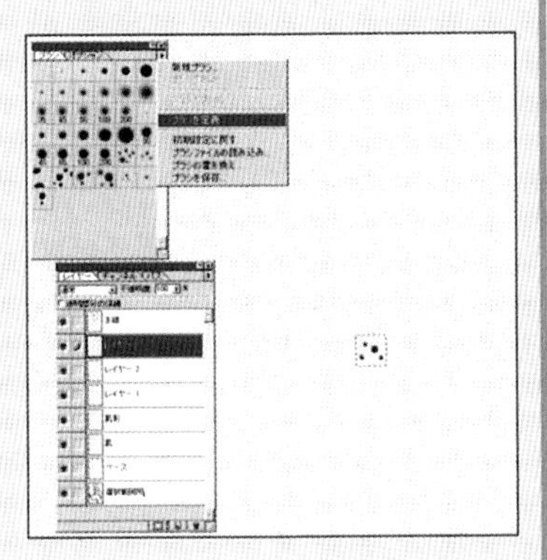

10. 衣服的著色

塗上基本顏色，以色彩增殖重疊圖層後加上陰影。基本的著色方式都一樣，不過不需像頭髮一般過於強調亮光。→1、2

以螢幕模式輕輕塗上亮光的方式，感覺較不刻意(若想真實的呈現綢緞及橡膠般的光澤，則需好好的以亮光加以描繪。在這方面可多研究如何讓綢緞材質的緊身褲或性感套裝看來更真實)。→3、4

全部塗擦完畢後，再合併→裁剪選取範圍，最後結束衣服的著色。簡單輕鬆!!

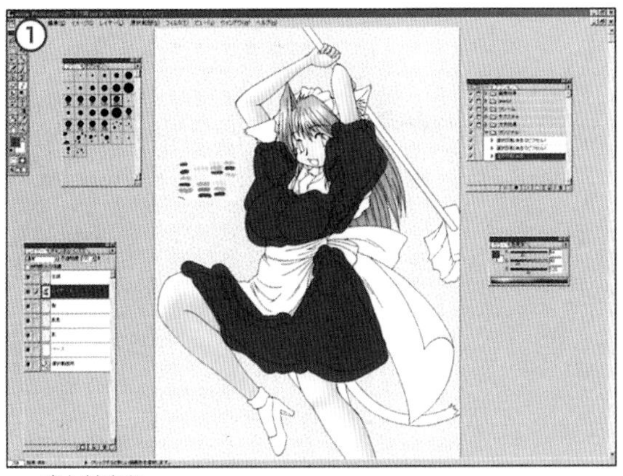

▲塗上基本色。

▲以色彩增殖重疊圖層後加上陰影。

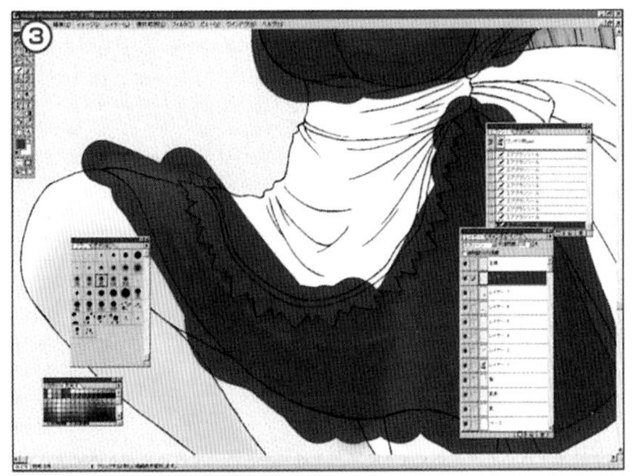

▲在裙子的皺折處加入陰影及亮光。

▲以亮光重疊圖層後，再輕輕的加上亮光。

☆ONE POINT LESSON CORNER☆

在學會一般應用方式後，一定希望能簡化操作手續(絕對是這樣)，因此接下來便是捷徑的介紹，我較常用的捷徑………。

Ctrl + C ： 拷貝	Ctrl + E ： 與下一個圖層合併
Ctrl + X ： 剪下	Ctrl + Z ： 取消(回到上一個)
Ctrl + V ： 貼上	Ctrl + S ： 儲存上方的文字
Ctrl + D ： 取消選取	Ctrl + + ： 拉近
Ctrl + H ： 隱藏選取範圍的邊界線	Ctrl + − ： 拉遠

….大概就是這些了。比想像中的少呢! 不過光是這些就能大大的簡化作業時間。最後因為有些能登錄在繪圖板中，但也有不能的部分，所以盡量製造一個方便自己使用的環境。

12. 耳朵、彩帶、配件的著色

此部分的基本著色方式也一樣。塗上基本色，以色彩增殖模式做出陰影、以螢幕模式畫上亮光。→1
耳朵部分加上花紋後，再加入陰影及亮光。→2、3
緞帶的作法也一樣(因原先即設計為綢緞緞帶，因此稍微加強亮光，但不需使用白色的亮光)。→4
在路徑中已指定拖把的流程，利用剛剛塗擦頭髮顏色時所製作的筆刷來畫邊界線(因尚在學習路徑，所以當描繪相同流向的曲線時便兼作練習加以使用。
有些用慣的人甚至能利用路徑描繪頭髮，真是太神奇了!)。不過拖把的顏色看來好像失敗了，有點像廁所用拖把……→5、6

▲塗上基本色，以色彩增殖模式做出陰影、以螢幕模式畫上亮光。

▲畫上耳朵的花樣

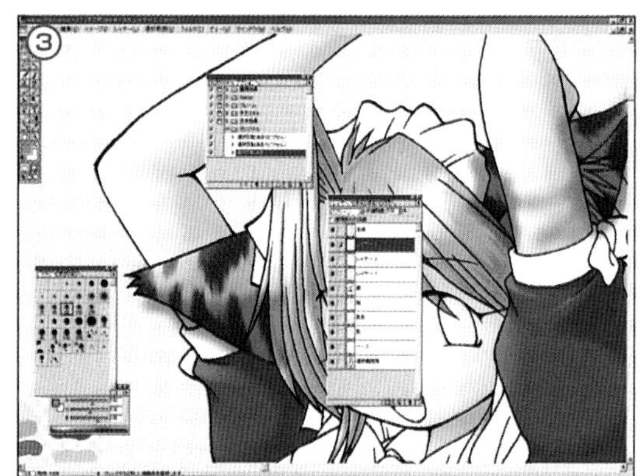

▲ 於耳朵上加入陰影及亮光，作法同肌膚及衣服

▲因為綢緞緞帶所以需稍微加強陰影。

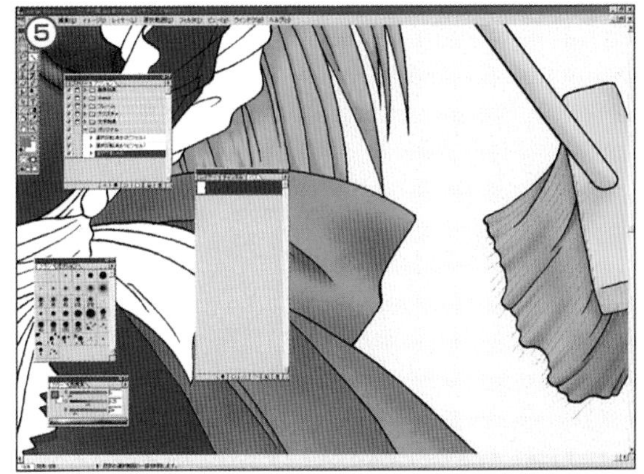

▲路徑中已指定拖把的流程

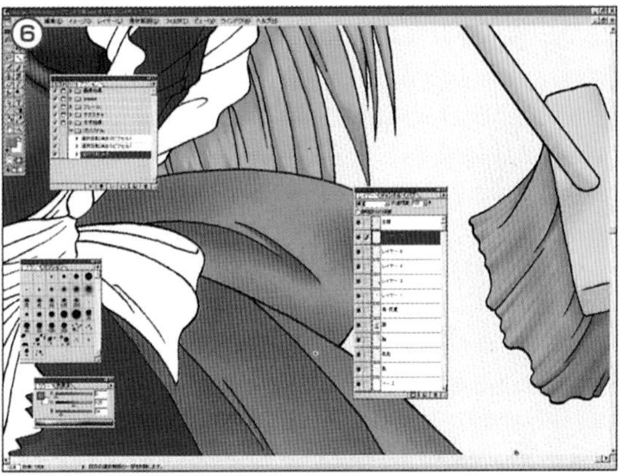

▲讀取路徑，再指定以塗擦頭髮顏色時所製作的筆刷來畫邊界線。

▲最後，整體影像的感覺如上圖。

13. 圍裙(陰影)的著色

接著畫圍裙的陰影。因在原畫中畫了相當多的皺折，因此首先先以淡藍色簡單的指定上色範圍。這是應用指定Screen Tone 的方式，當不清楚製作陰影的方式時，這是相當便利的手法。→1

在指定處加上淡紫色系的陰影。→2

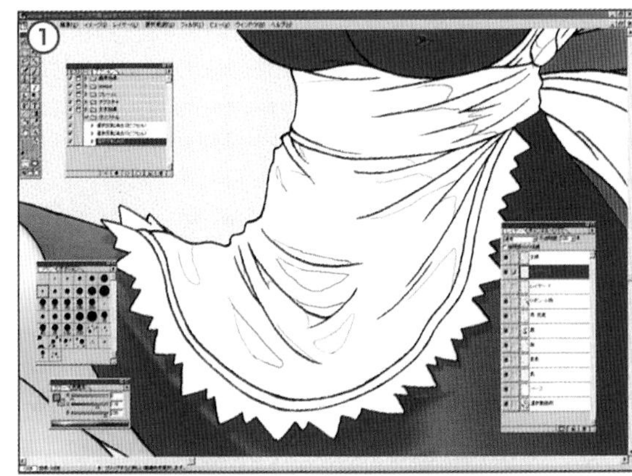

▲指定圍裙的陰影部分

▲在圍裙中加進皺折及陰影

Kato

14. 加工

情緒性的想在此處做加工。首先是眼睛的顏色。基本的著色方式與之前相同，整個過程如下:
A 做一個眼睛的選取範圍用的圖層 → 眼白的著色 → 眼珠的基本著色→眼珠的色彩增殖著色 → 加深眼珠 → 瞳孔色彩增殖著色 → 眼珠色彩增殖著色 → 加亮眼珠 → 亮光 → 合併→ 眼瞼的陰影著色眼睛部分完成。眼睛一完成人物也就生動了起來。臉部的加工部分為於嘴巴及臉頰塗紅，最後完成人物身上配件的著色。→ 1
再次調整各個圖層的色調後合併。以指尖工具淡化頭髮與皮膚的交界線，讓頭髮更自然。→ 2、3

▲做一個眼睛的選取範圍用圖層

▲眼白的著色

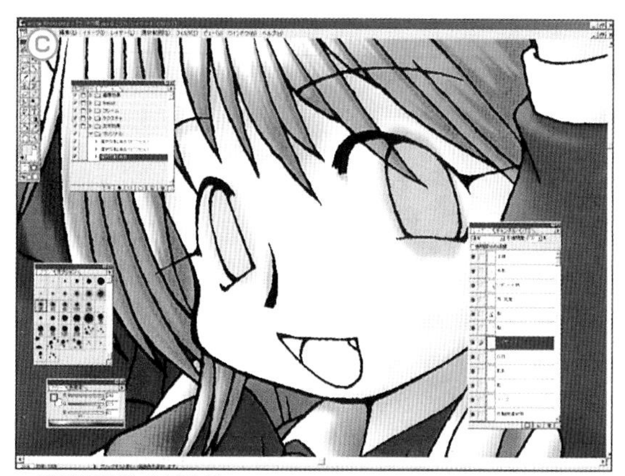

▲塗擦黑眼珠的基本色

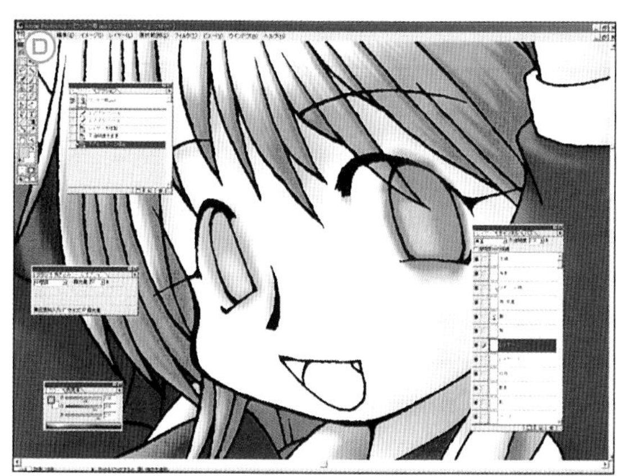

▲黑眼珠色彩增殖著色

▲塗擦黑眼珠的基本色

▲ 瞳孔色彩增殖著色

▲黑眼珠色彩增殖著色

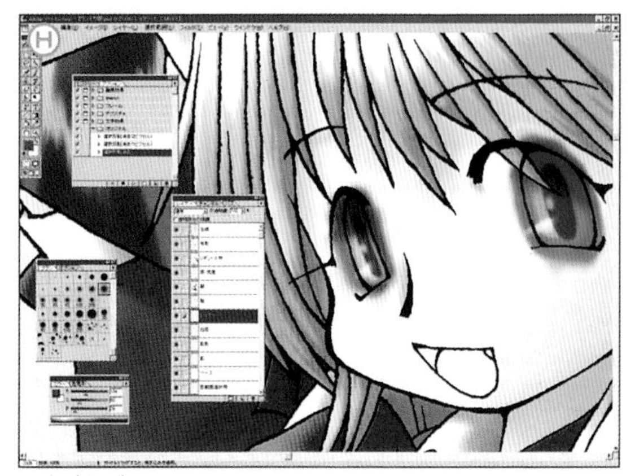

▲加亮眼珠

▲亮光

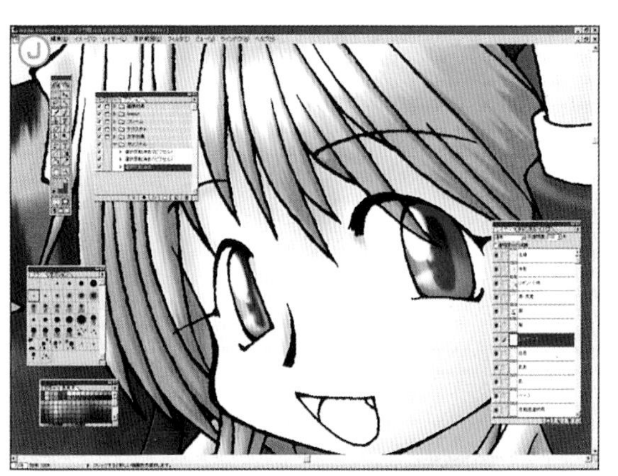

▲合併

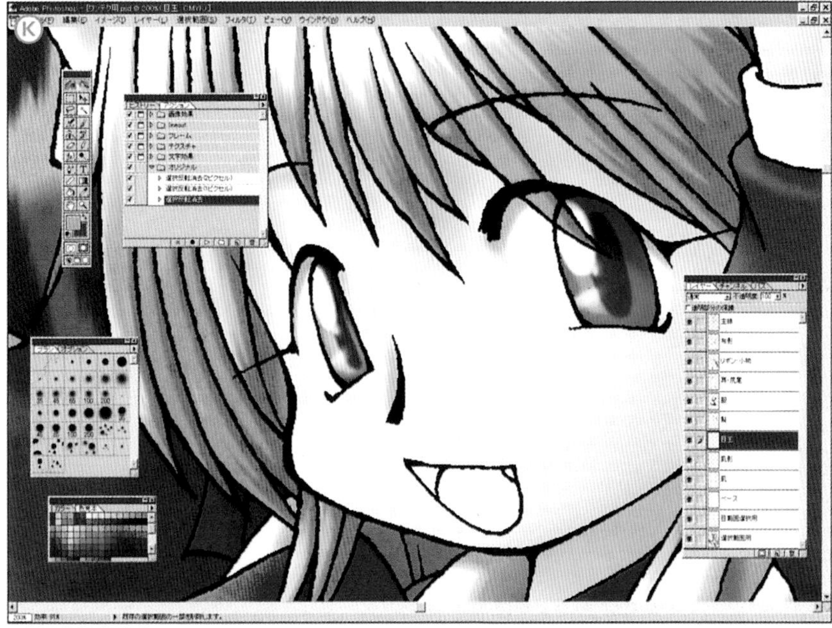

▲眼瞼的陰影著色

◀將嘴巴及臉頰塗紅，完成臉的部分。

調整各個圖層色調後，與”肌膚”圖層合併。▲

◀以指尖工具淡化頭髮與皮膚的交界線。

15. 陰影的著色

總覺得以同色系的色彩增殖所製作的陰影有些淡，所以在色彩增殖模式利用灰色系塗擦，加深陰影。

譬如瀏海、下顎、裙子等處的部分陰影。緞帶、裙子、後方的頭髮等經光線照射的部分以及為強調立體感，所以想在適度加強陰影。與加強前相比較，覺得人物更具嚴謹性。→1、2

如果只單看灰色部分，則是這種感覺。當覺得比較沉重時，加強青色系或許便能改善。→3

人物的著色到此結束。因已不再使用選取範圍用圖層，因此可刪除(因黑色的主線使得畫面變得很沉重，實際上是打算換個顏色，但現在仍屬從錯誤中學習的階段，故在此便不再說明。~~還是給我個建議吧!）→4

▲利用色彩增殖模式於瀏海中加入灰色系陰影。

▲同樣也是利用色彩增殖模式於裙子中加入灰色系陰影

▲單單抽取出新加入的陰影，則變成這種狀況。

▲因為人物部分已完成，所以可刪除選取範圍用圖層。

16. 背景的描繪

於最下方新增一個背景用圖層，為強調揮起拖把的效果，以較大尺寸的噴槍像流水般塗色。多次利用色彩增殖模式增加顏色的厚度，但是不能比人物重(總覺得好像只做了一半……。這種感覺的著色似乎較傾向於Painter，不過我沒有Painter…….)。→1為凸顯人物，因此先選取基礎圖層，擴張選取範圍（「選取」→「變更選取」→「擴張」後塗上白色（「編輯」→「填滿」）。如此一來在人物上作成一個白邊，形成人物浮出背景的效果。→2、3

若白邊太搶眼，則減少其寬度或者予以模糊化，多少能抑制這種情況（「濾鏡」→「模糊」→「高斯模糊」→4

至此著色作業完全結束。合併所有的圖層吧！→5

▲做一個背景用圖層

▲完成著色作業後，合併所有的圖層。

▲選取基礎圖層的著色，擴張範圍

▲因白邊過於強烈，所以使用模糊濾鏡。

▶ 新增圖層，塗滿選取範圍

17. 變更解析度

於讀取後，(已清除污點)使用的主線幾乎沒有任何變動，但因感覺太粗糙，所以以「影像」→「影像解析度」將像素尺寸的設定減半。因此尺寸變成1 / 4，然後於影像中使用防字邊鋸齒化的功能，使線條更為滑順。

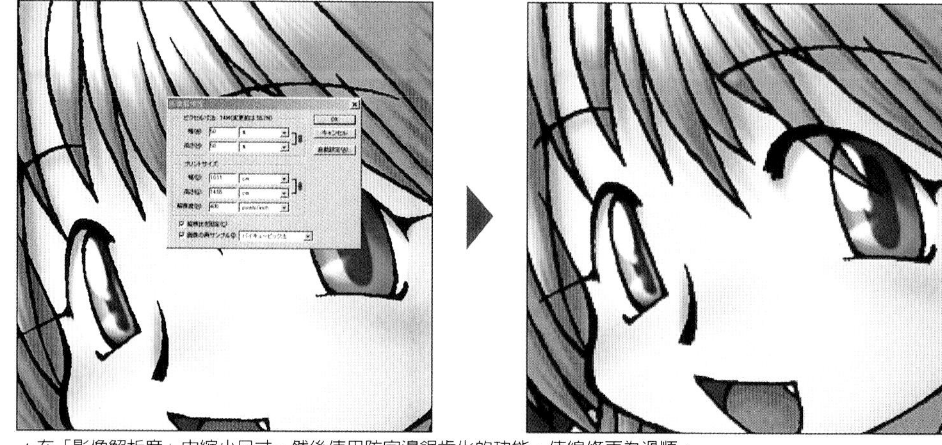

▲在「影像解析度」中縮小尺寸，然後使用防字邊鋸齒化的功能，使線條更為滑順。

▶ 完成

在此所有的過程終告結束。謝謝各位讀者看到最後的步驟，辛苦了！雖然是很普通的話，但我想為了充分表現每個人的獨特畫法，因此在描繪的過程中最好也能各具特色。專精於單一手法或嘗試各種手法皆無不可，希望大家都能快樂的畫畫。

Kato

GALLERY

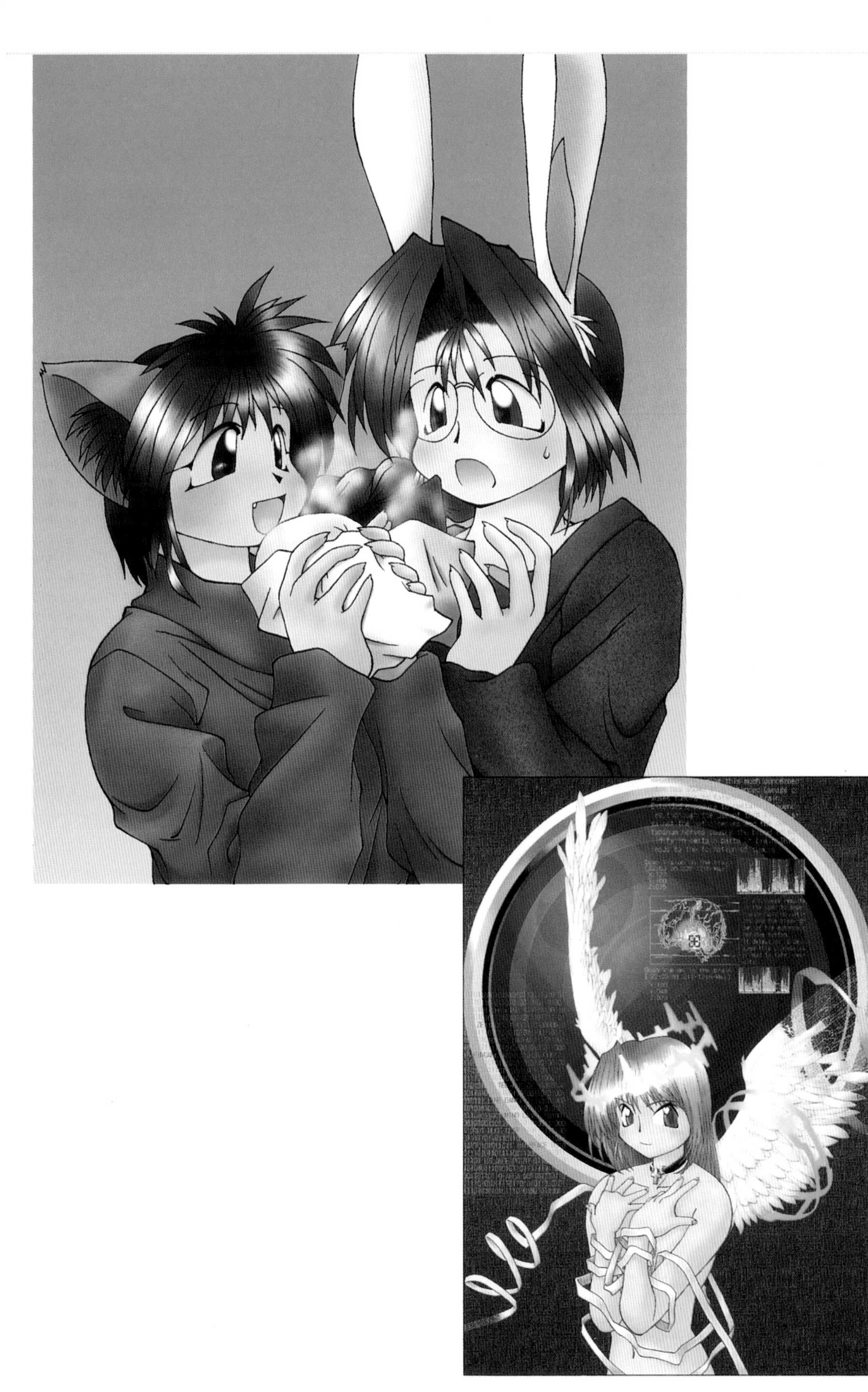

砂原真琴

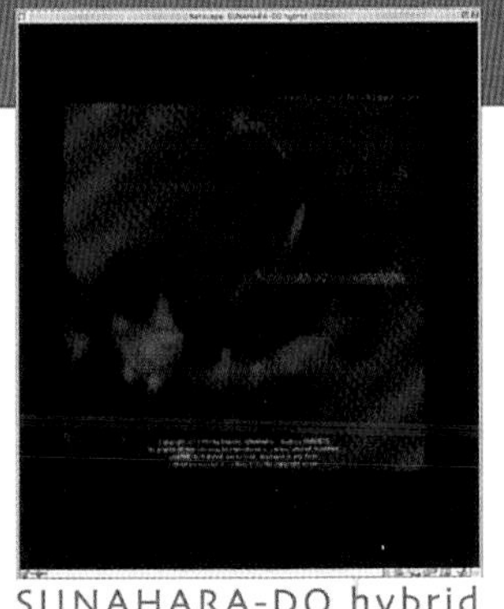

SUNAHARA-DO hybrid
http://www.ymg.urban.ne.jp/home/hybrid/

自我介紹

【筆名】………砂原真琴
【生日】………1973年 1 月 13 日
【住所】………山口縣德山市

使用的機材

【主機1】
Apple Macintosh Perfoma 6240
1996 年12月購入。雖然是我的愛用品，但最近卻常常覺得功能不足，不過還是想盡辦法加以運用。

CPU	Power Pc 603e / 200 MHz
MEMORY	104MB
HDD	2.3 GB
Graphics Card	MGA Millennium 4 MB

原本安裝的原裝貨已經壞掉了，之後再換裝的4.3GB也壞掉，所以這已是第三台HDD(流汗)。
【螢幕】
AppleVision 1710AV Display (17 Inch)
【影像解析度】
1024 ×768

【主機2】
自組AT / PC 互換機 「九輪」
這並不是我的機器，因這次繪圖時Performa的狀況不好，所以跟朋友借了這台。
平常大都使用Mac來製作，但因這種狀態，所以使用Windows。

CPU	K-6 / 233 MHz
MEMORY	192 MB
HDD	2.1 + 9.1 GB
Graphics Card	ATI — XPWET 128

【螢幕】
iiyama A901H (19 Inch)
【影像解析度】
1600 ×1200

周邊機器

【繪圖板】
WACOM、ArtPad2Pro
【掃描器】
EPSON GT — 5000ART
【MO】
OLYMPUS 640MO TURBO
【SO】
Mac SO 8.1
【繪圖板】
WACOM、ArtPad2Pro
【印表機】
Microtek SCANMAKER V6000

使用軟體

Photoshop 4.0.1 J
Painter 5.0.3J

1. 線畫的製作

因無目的的繪圖將無法預見未來將完成的作品，所以應先決定要畫什麼。這次我想描繪的是冬天的山峰及空氣，還有女孩、動物。

打完稿後，先收集繪圖時必備的資料(雪山及小鹿的照片)，再開始著手線畫的製作。

任何紙張及繪圖用具都可用於CG的線畫，所以最好使用自己慣用的工具。

這次我以135kg的上質紙及0.3mm的自動鉛筆畫完底稿後，再用zebra的圓頭筆及黑色油墨描線，然後擦掉底稿線條後完成線畫。

並非所有的CG線畫的尺寸都必需同輸出尺寸，但這次的線畫尺寸是以印刷為前題。因為畫得比較大，所以最後必須進行裁切。此種處理可使四邊的線條更漂亮。

▲以鉛筆描繪的底稿

2. 線畫的製作

以灰階模式、400dpi的解析度將線畫掃瞄至電腦。

因掃瞄進來的線畫出現細小的污點，因此利用Photoshop進行清除。具體的說即是以「影像」→「調整」→「曲線」凸顯白色，以消除部分的污點。單只凸顯白色將造成線畫變淡，因此也需稍微的強調黑色，所以請調整至自己喜歡的濃度。(1)

對於無法以「曲線」的污點，則必需使用人工作業。可利用筆刷工具全部塗成白色，也可以橡皮擦消除(這次我是利用橡皮擦)。直至到滿意以後，再以「影像」→「解析度」將解析度調降至300dpi。這是因為讀取較大尺寸後再調降解析度的影像，將比直接以300dpi讀取進來的線畫影像更完美，所以才採取這種方式。(2)

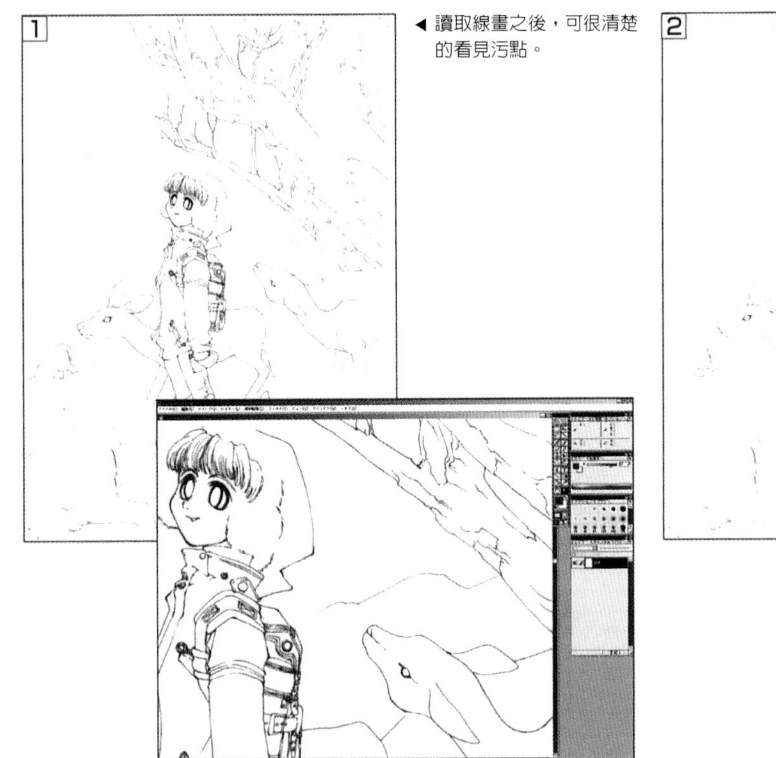

◀讀取線畫之後，可很清楚的看見污點。

▲在此狀態下進行作業，螢幕的解析度為1600 ×1200。

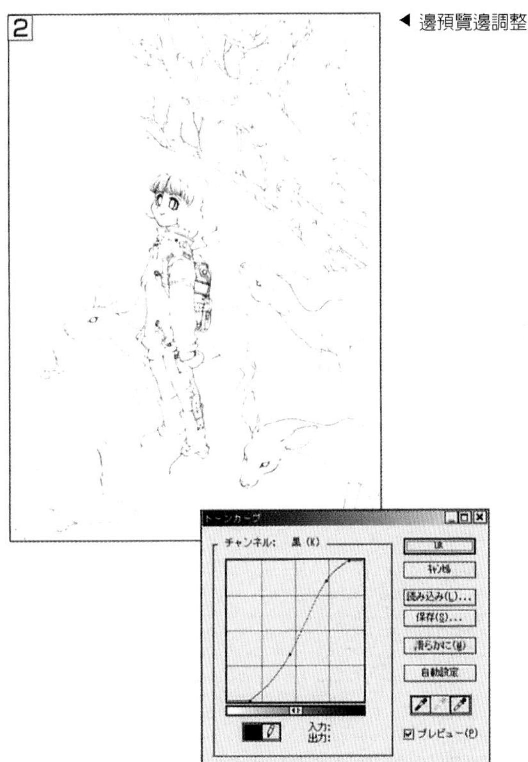

◀邊預覽邊調整

▲利用曲線補正線條，清除污點的狀態

3. 準備著色

以下為著色前的準備工作。

首先以「影像」→「模式」→「RGB色彩」將模式由灰階轉換成RGB色彩。若不作任何處理，則線畫會成為「背景」圖層，為考慮日後的作業故需再做一個圖層。拷貝圖層的方式相當多，但直接將「背景」圖層拖曳至圖層視窗下方3個按鍵的中間鍵 —「建立新增圖層」完成拷貝，這是最快的方法。為易於區分所以將新增圖層稱為「線畫」圖層，重疊色彩增殖模式後，刪除「背景」圖層中的線畫部分。如此一來著色時便不會影響線畫，於此先做儲存。如以Photoshop進行著色則準備工作到此即可，但因為我使用的是Painter，所以還要加上一道手續。因Painter的處理較不方便，所以為方便日後作業，需將解析度從300dpi降低至150dpi，在剛剛儲存的檔案之外，再做一個Painter著色用檔案。

總之Photoshop的作業在此先告一段落。

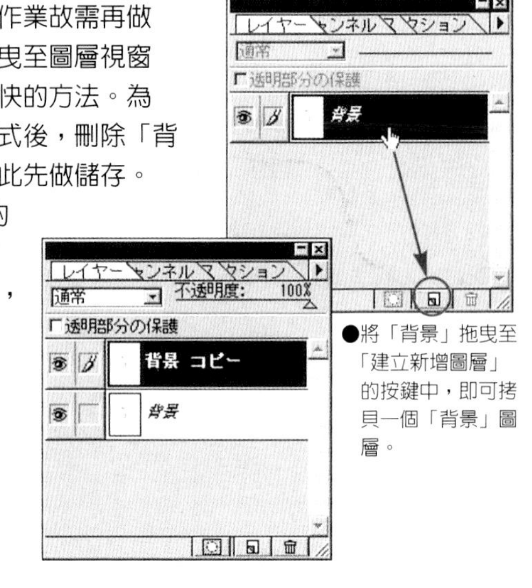

●將「背景」拖曳至「建立新增圖層」的按鍵中，即可拷貝一個「背景」圖層。

4. 製作平滑的紙張紋理

雖使用的水彩細筆塗色，但水彩將受到紙紋的影響。因我並不喜歡原始設定中凹凹凸凸的紙紋，因此才自行製作平滑的紙紋。

作法非常簡單。以「檔案」→「新增檔案」開啓一個新檔。使用「矩形選取工具」指定適當的範圍，在從「藝術材料箱」中選取「紙紋」→「選取紙紋」，輸入易辨識的名稱後，按一下「確定」。這樣便完成一個新紙紋。當想選用這個紙紋時，可從「藝術材料箱」的「紙紋」中選取。(1~7)

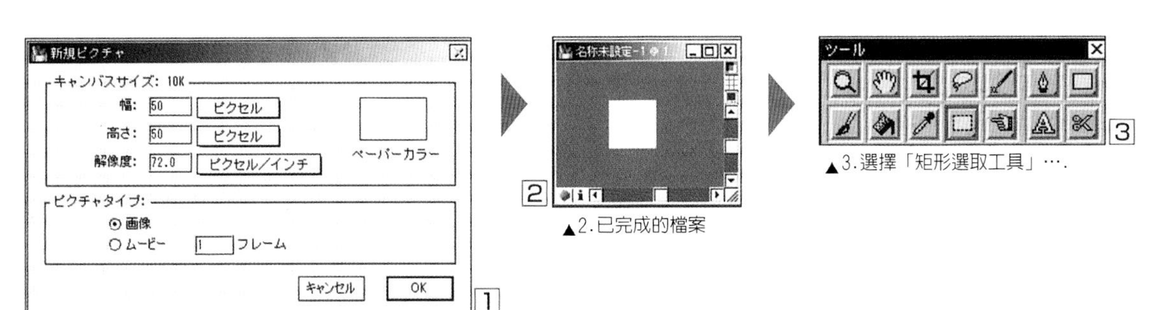

▲1.新增檔案

▲2.已完成的檔案

▲3.選擇「矩形選取工具」….

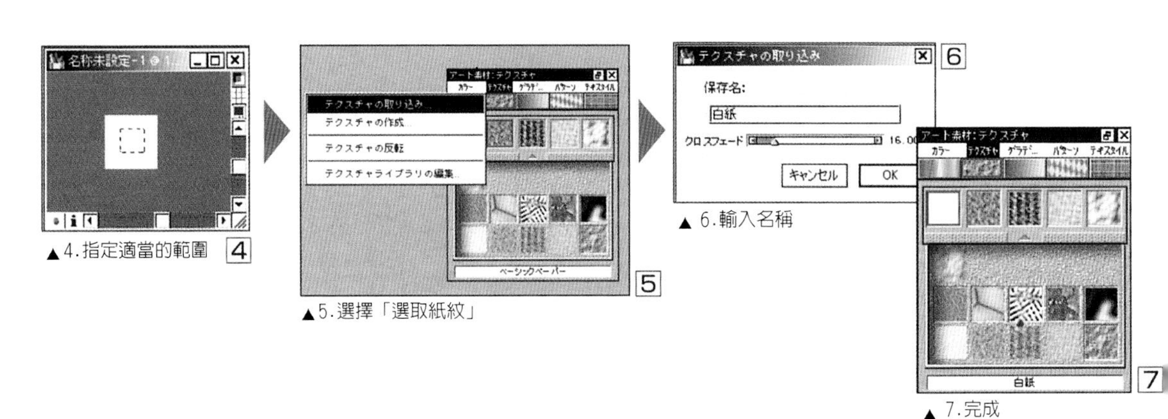

▲4.指定適當的範圍

▲5.選擇「選取紙紋」

▲6.輸入名稱

▲7.完成

5. 使用Painter著色

因紙紋已設定完成，接著便可進行著色。

雖然Photoshop也能使用各式各樣的色彩，但我卻因為Painter的獨特筆觸而成為愛用者。

開啓Painter著色用的檔案(150dpi)，這中間只使用一支水彩細筆。雖然沒做什麼大膽的變化，不過經常使用「Controls : Brush Pallete」，邊更換不透明度及尺寸邊著色。因為水彩筆是在水彩的狀態下著色，所以一定得使用「畫布」→「乾燥」將影像固定於畫布上。塗在水彩圖層上的顏色，在乾燥、固定之後，只能以「水彩專用橡皮擦」來擦拭。各個區域分別上色時，可簡單的消除溢出線外的部分，非常的方便。

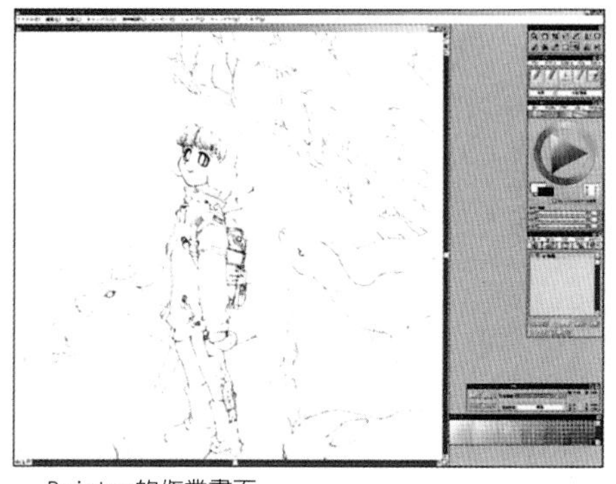

▲Painter的作業畫面

首先想從人物開始著色。為能以重覆塗擦的方式作出顏色的深淺及統一感，所以先將整個人物塗上基本色。因為只要在乾燥之前都能利用「水彩專用橡皮擦」來擦拭，儘管安心的上色不用擔心塗出線外，然後在上方再慢慢的重疊顏色。通常我都是從皮膚開始著色。基本的著色作業為底色→淡色→深色→細部→線外的部分修正→乾燥後在上色（1~7)。前景的人物(P116 / 1~6)及樹木(P117 / 1~4)可稍微塗擦較明顯的顏色，至於遠景部分的天空及山峰(P118 / 1~ 4)則使用淺色系。因為遠方的東西看來總是模模糊糊。

著完色後儲存，Painter結束。

★ 人物的著色

▲1.先塗上底色

▲2.可使用近於底色的顏色，從皮膚開始著色。

▲3.重疊衣服的顏色

▲4.以深色慢慢的描繪

▲5.以相同的方式描繪頭髮、背包、靴子、手套。

▲6.加上陰影。以「水彩專用橡皮擦」消除塗出線外的部分後進行「乾燥」。

★ 小鹿的著色

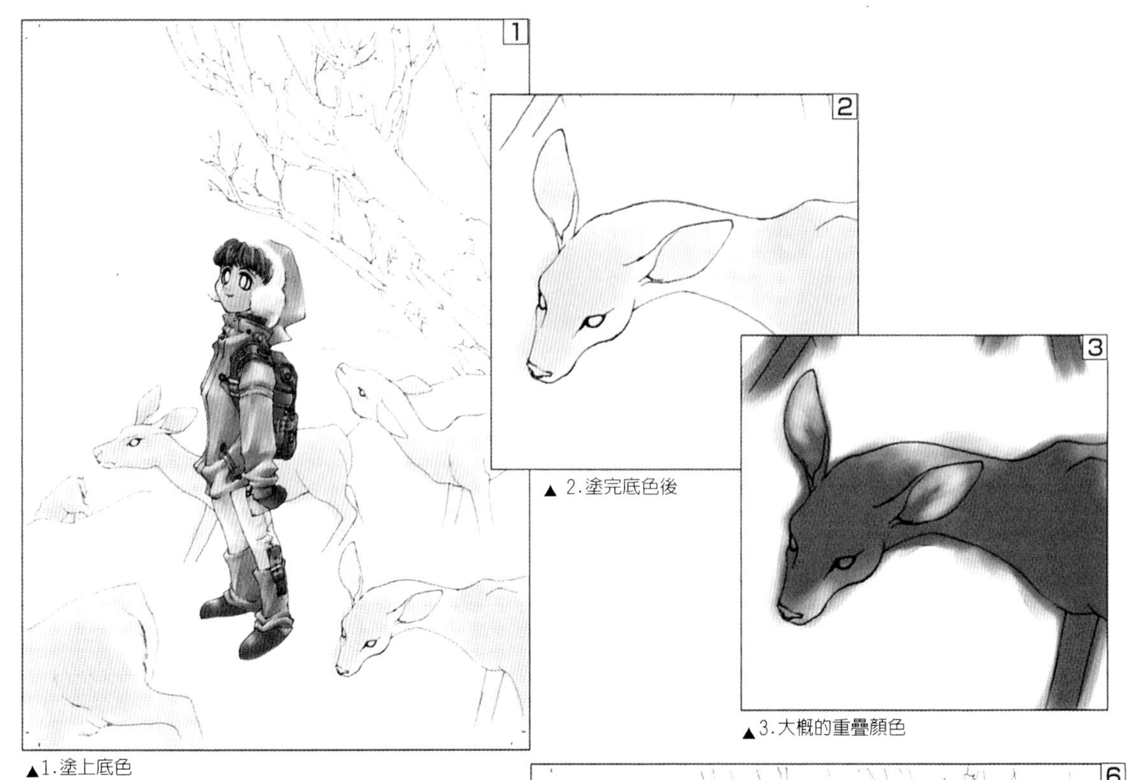

▲1.塗上底色

▲2.塗完底色後

▲3.大概的重疊顏色

▲4.更換筆刷的尺寸，描繪細部。

▲5.修正塗出線外部分後，進行乾燥。

▲6.完成小鹿的著色

★ 小鹿的著色

▲1.使用相同的顏色塗擦所有樹木的底色

▲2.先塗淺色

▲3.藉由色彩的重疊，可做出深淺的效果。

▲4.修正塗出線外部分後，進行乾燥。

★天空與山峰的著色

▲1.先將天空及山峰概括的塗上底色，然後重疊天空的顏色。

▲2.邊重疊塗擦顏色，邊描繪山峰。還要粗略的加進映在雪地上的人影。

▲3.於山峰和雲的細部加上深淺，修正塗出線外部分後，進行乾燥。

▲4.檢查全體的色彩協調性後，再次描繪細部。

6. 使用Photoshop進行加工

接下來全部的作業皆使用Photoshop。

啓動Photoshop，打開在Painter之下著色的150dpi檔案，毀棄「線畫」圖層。因為在Painter著色的部分仍存留於「背景」圖層中，以「影像」→「解析度」調高解析度至300dpi，然後以「選取」→「全選」、「編輯」→「拷貝」將檔案複製至剪貼板，最後關閉檔案。接著開啓以300dpi製成的線畫檔，再使用「編輯」→「剪下」。這樣便完成一個已著色的300dpi線畫檔案。因為提高解析度，所以細微的擦出線外的部分變得很明顯，因此可利用指尖工具及筆刷工具加以修正。使用筆刷時，一按「Alt」鍵(Mac時則為「option」鍵)便能夠像水滴工具般吸取顏色，所以可修正鄰接的顏色。在修正塗出線外色彩的同時，也可利用指尖工具作出頭髮、兜帽上的皮毛、鹿毛等等的流向。

★修正人物塗出線外的著色

▲1.變更解像度之後，溢出線外及塗色不均的情況看得更清楚。

▲2.修正塗出線外的著色

▲3.以指尖工具作出毛髮的流向

▲4.使用筆刷時應勤於更換尺寸

★修正小鹿塗出線外的著色

▲1.以相同的方式修正塗出線外的著色

▲2.作成鹿毛的流向

▲3.完成修正塗出線外色彩的狀態

7. 陰影的追加

因地底為雪地，當反射天空的顏色時應會形成陰影，所以追加天空的陰影。首先先新增圖層，繪圖模式設定成「色彩增殖」，重疊於已著色的圖層。接著以水滴工具吸取天空的顏色，再使用鋼筆工具及噴槍描繪陰影(1)。原本這個顏色就比較不容易作出身色的陰影，所以在其上方覆蓋「色彩增殖」圖層，以灰色系描繪出較深的陰影(2)。最後調整不透明度後再次重疊。

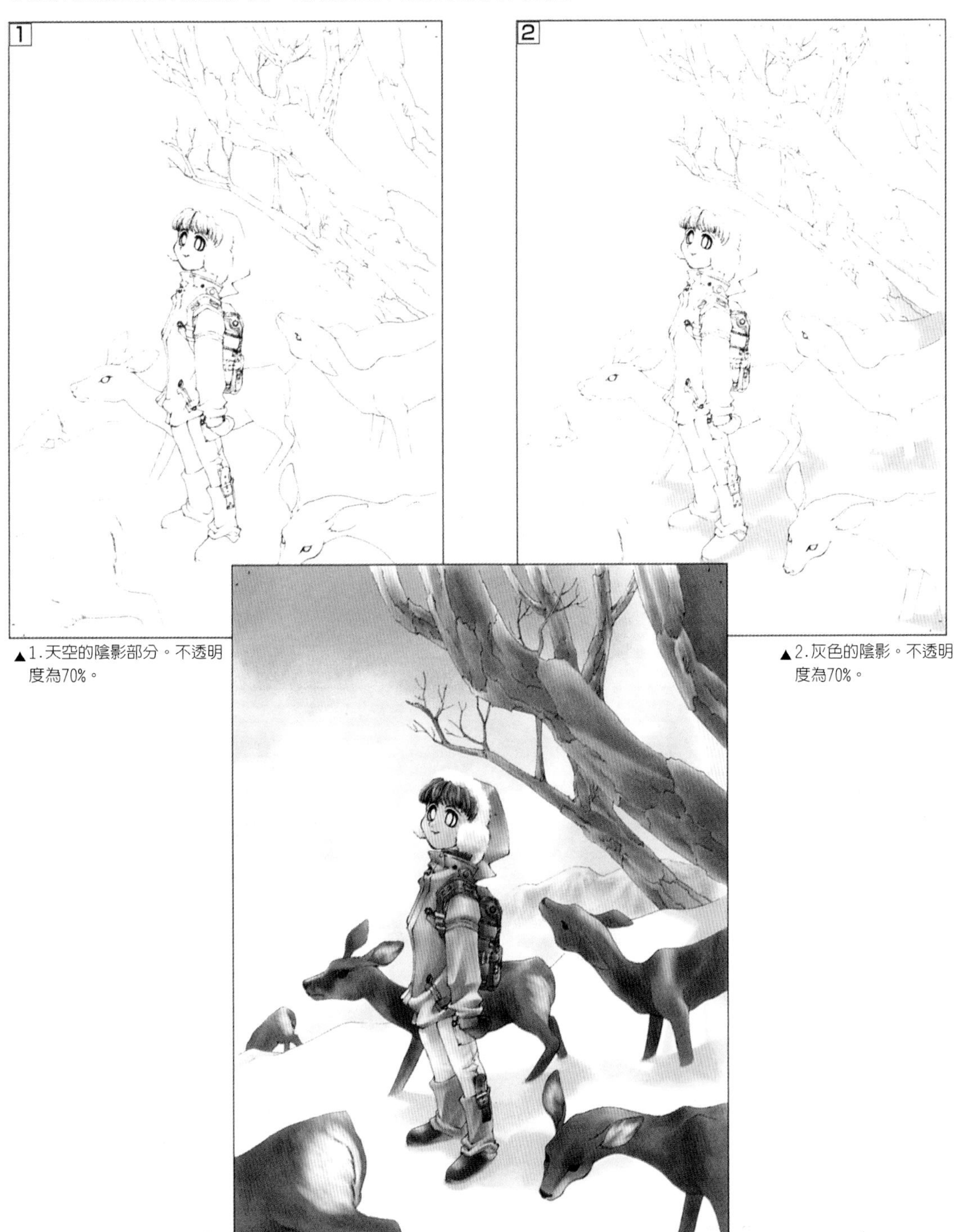

▲1.天空的陰影部分。不透明度為70%。

▲2.灰色的陰影。不透明度為70%。

▲3.重疊二張陰影後的狀態。

8. 細部的追加

接著是在Painter之下未著色的人物細節部分。將「眼睛」、「金屬零件」、「皮革」等各做成圖層。以筆刷工具於各個配件中全部塗上單一顏色，然後使用「加深工具」、「加亮工具」描繪。在其上方重疊一個「平常」模式的「亮光」圖層，於眼睛及頭髮等處加入亮光。

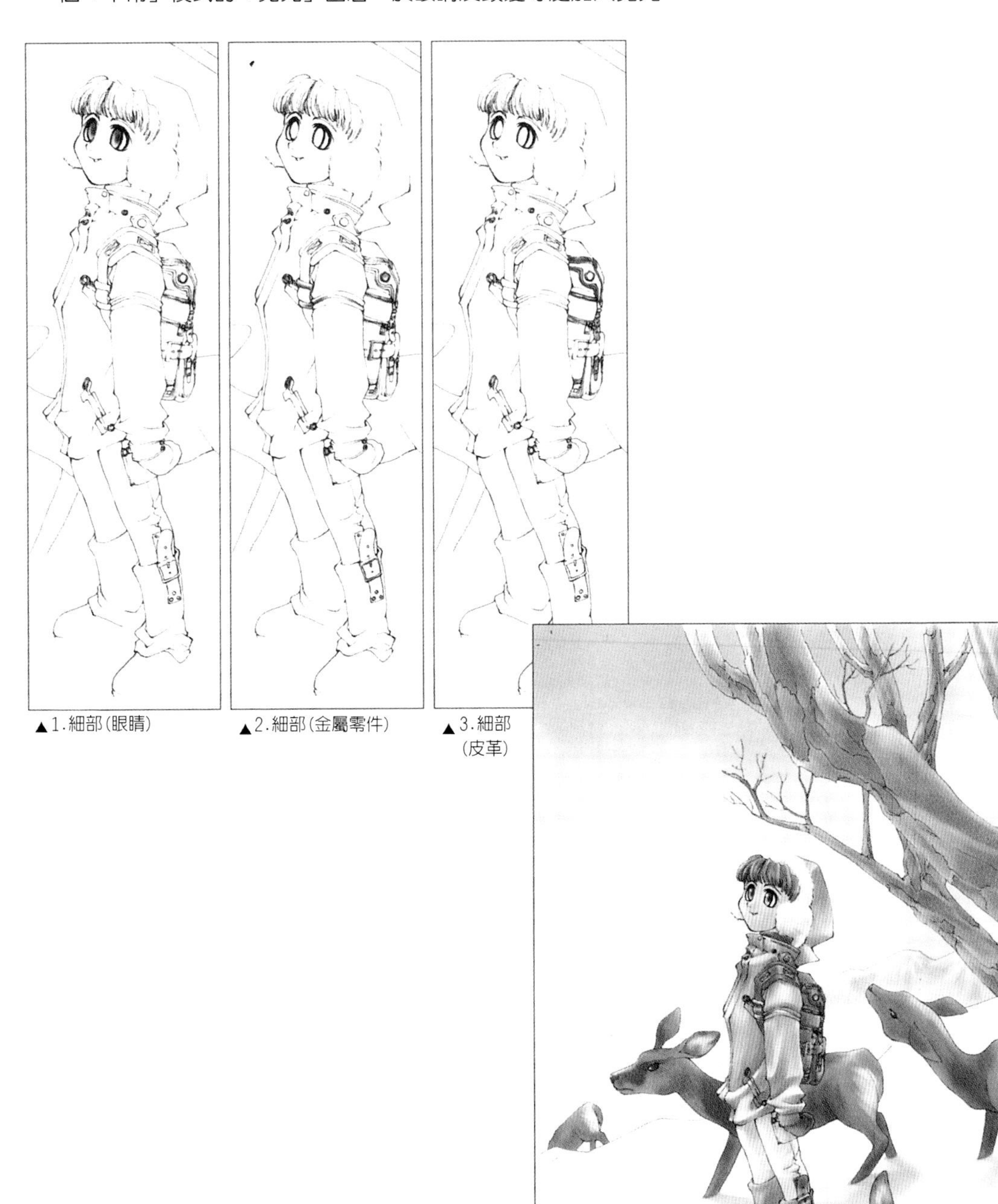

▲1.細部(眼睛)

▲2.細部(金屬零件)

▲3.細部(皮革)

▲追加細部及亮光後的狀態

9. 情境的表現

因為背景為冬天，故作成「氣息」圖層，追加人物及小鹿的白色氣息(1)。還有為表現因寒冷而籠罩在一片白色下的景致，所以作成「空氣」圖層(2)。從天空中任取二色，以漸層的方式塗滿「空氣」圖層，再使用重疊模式。以「重疊」模式覆蓋漸層，將使畫面變得更生動活潑。接著製作由雪地而產生的反射光線。以「選取」→「顏色範圍」選擇雪景中較亮的部分(也就是白色部分)，於「選取」中設定適當的數值使之模糊，新增圖層描繪模式為「柔光」，再以油漆桶工具全部塗成白色(3)。這3個圖層也需在調整不透明度後重疊。

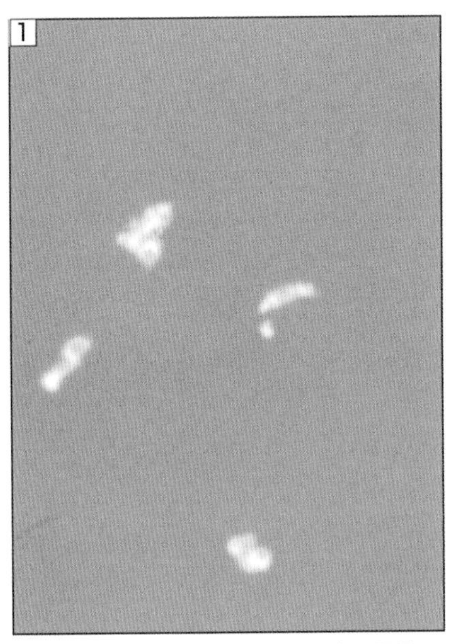

▲「氣息」圖層，故在其下方放置一個灰色圖層。

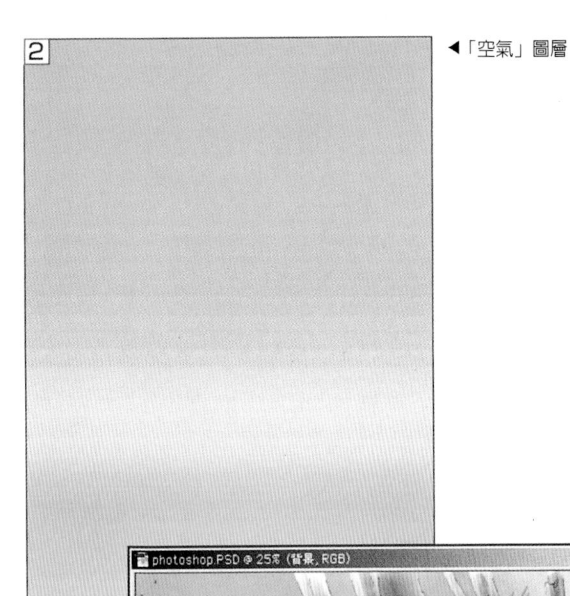

◀「空氣」圖層

◀ 顏色範圍選取明亮區域(白色)

▲選取後的狀態

10. 線畫的加工

黑色的線畫會讓畫面變暗而改變顏色。因此可使用「影像」→「調整」→「色彩平衡」等予以改變，不過這次我是新作一個不同顏色的圖書館。選擇線畫圖層後，以「選取」→「全選」、「編輯」→「拷貝」將線畫拷貝至剪貼板。

新增一個Alpha色版，以「編輯」→「貼上」將拷貝的物件貼上(1)。

以「選取」→「載入選取範圍」讀入剛作成的色版，若使用「選取」→「反轉」則能選取線畫中的黑線部分(2)。然後挑選其他顏色塗滿這個範圍，即可完成其他顏色的線畫。至於油漆桶工具的選取，在圖層視窗中選擇新作成的線畫圖層，然後敲一下滑鼠的右鍵，便可在下拉式視窗中選取「填滿」(3)。

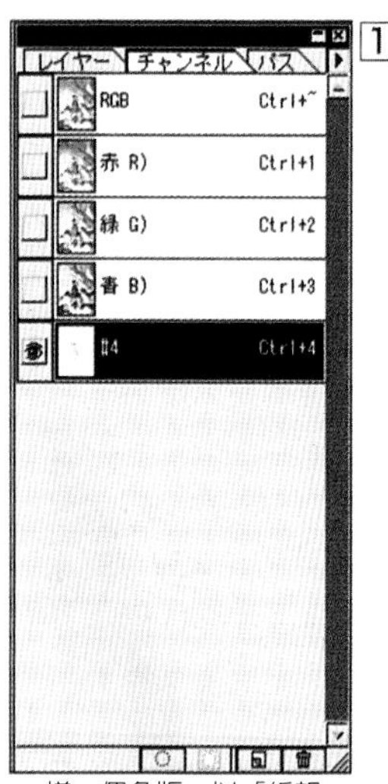

▲增一個色版，以「編輯」→「貼上」貼上線畫

◀「載入選取範圍」→「選取」「反轉」便可以只選取線畫。

漆桶工具，塗滿自己喜歡的顏色，即告完成。▶

11. 完成

檢查全體，再調整色調及修正細節部分。這次並沒有調整顏色，但是因覺得筆觸不順暢，所以利用指尖工具做部分修正。如果只用於畫面輸出則可使用「RGB模式」，不過這次是用於印刷輸出，所以需做變更「影像」→「模式」→「CMYK模式」。
最後，因描繪尺寸比預定印刷尺寸大，故需剪下多餘部分，在記取下次應改進的地方後結束。

レイヤー チャンネル パス
乗算 不透明度: 100%
透明部分の保護
雪の反射
息
空気
ハイライト
線画
陰影+
陰影
目
細部（皮）
細部（金具）
背景

▲最終的圖層構造

▲裁剪成預定使用尺寸後即告完成

GALLERY

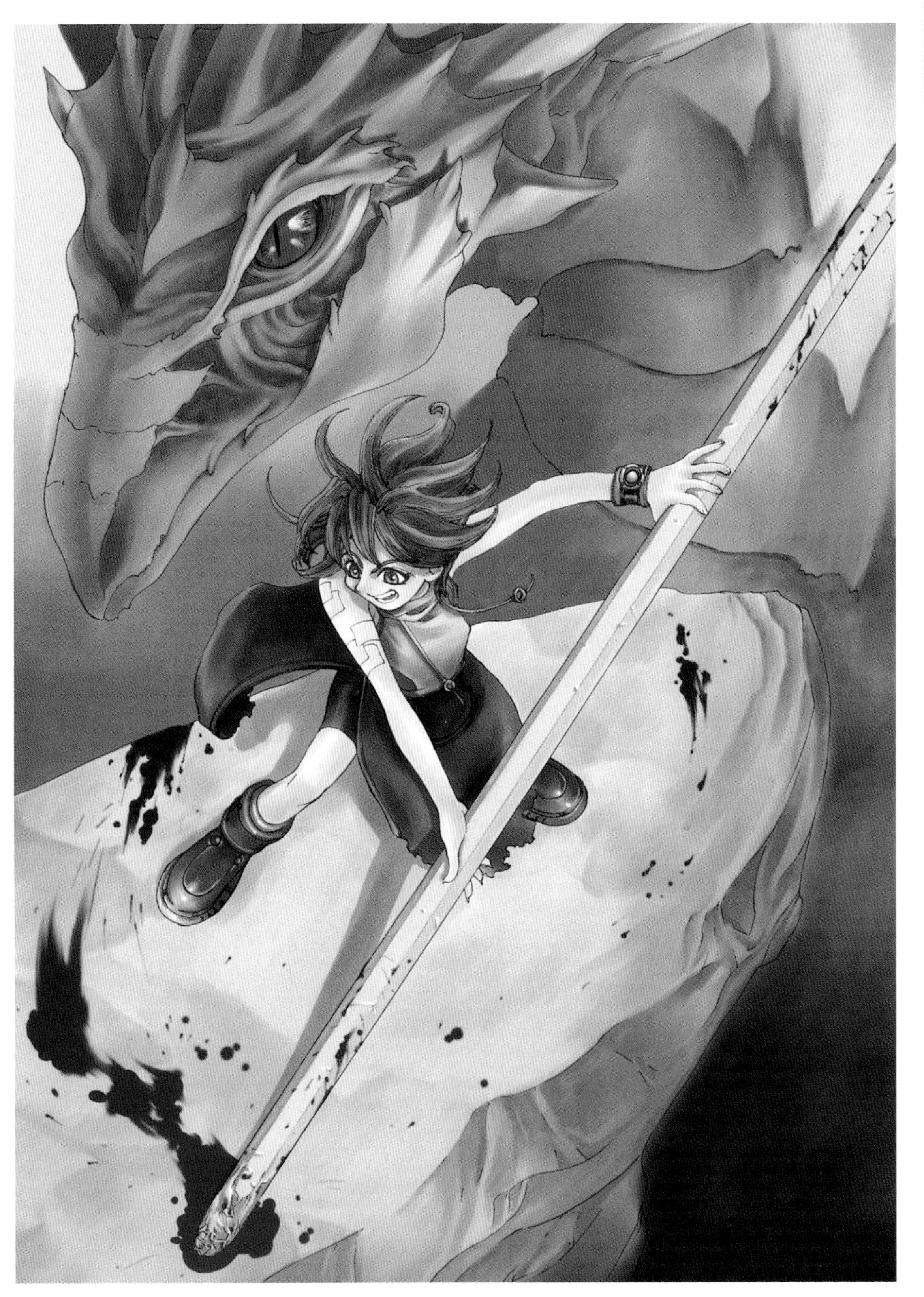

Yuuki Kowata

悠紀小綿

自我介紹

【筆名】……..悠紀KOWATA
可不是隨隨便便取的名字喔!
【生日】………6 月 30 日
不想談年齡…..。
【住所】…….京都府的某處。

きわめて俺様的ほめぱげ
http://www.ky.xaxon.ne.jp/~kowata/

使用的機材

【主機1】
自組PC / AT 互換機（繪畫專用機種）

M / B	BH6 V1.01（Abit製）
CPU	Celeron300A（intel製 SL32A36週 MALAYSIA） FSB103 ×4.5倍 463MHz 驅動
MEMORY	384MB（SDRAM PC — 100 CL2 動作 128MB ×3）內容（NECD4564841G5-A 10-9JF、NEC D4564841G5-A80-9JF、TOSHIBA TC59S6408BFT-80）
FDD	D353T5-168200（MITSUMI製3.5 Inch 3Mode）
HDD	DJNA371350（IBM製 13.5GB 7200rpm U- ATA66） ST-34520A（Seagate545製 4.2GB 7200rpm U-ATA33）
CD—ROM	DR-566(PIONEER 製 35 倍速SCSI-2)

【Sound Board】
無(因為繪圖專用的機種，所以並不需要)
【Net Work】
LGY-ISA-TR(MELCO製 ISA 10baseLAN Board)
【SCSI Board】
SC-UPCI(I h O DATA製 Ultra Wide SCSI)
【Video Board】
MGA-Millennium / 4 / FE(MATROX 製4 MB搭載)因著色還相當漂亮所以仍在使用
【附加外部記憶裝置】
CDR-S412（MELCO製 寫入4倍速，讀取12倍速光碟燒錄器）。

周邊機器

【繪圖板】
AerPad 2（WACOM製 PenTablet）
【掃描器】
CanoScan 300
（Canon 製平台型掃描器 300 ×600 sdpi）
【CTR】
CPD-17SF7（Sony製17Inch）
解析度為1280 ×1024 （24 Bit Color）
【OS】
MS-Windows98（Microsoft製）
【連接數據機使用的機器】
LMO-400(Logittec製230 MB光碟機)
PM-2000C（EPSON製）

周邊機器

Photoshop 5.0.2 J

序言

●大家好!我叫悠紀KOWATA，是個三流的繪圖者。目前專職繪圖，從前是在某公司撰寫遊戲軟體劇情，但已經很久沒寫了。為什麼呢？莫非我犯了什麼錯？
希望相關者看到後能告訴我原因(喂..)。

環境1

●一提到環境，想必大家會想到公寓住宅區、離車站3分鐘、前些日子才去世的祖母、很遺憾青梅竹馬的女孩長得並不可愛等等。但這次所指的是以個人電腦繪圖的環境，在此將對我所使用的設備作一說明。

首先從讀取至電腦前的環境開始。

- 大量的A4影印紙
- 漫畫用的原稿用紙(同人志用)
- 迷你筆(kopiku或piguma0.05)
- 從中學便開始使用的愛筆----自動鉛筆(0.5HB)

然後最重要的是如同我愛人般的描圖桌，沒有她我便無法畫畫。大概沒有人不曉得「描圖桌」吧!簡單的說就是內裝燈管的桌子。放置紙張的地方呈現光滑的玻璃狀，當光線照向紙張內側時，則紙張會變透明。不過對於構造如此簡單的東西竟需要一萬日圓以上，讓人真切瞭解資本主義下不合理之處。

在還未購買描圖桌前，我總在玻璃桌下方擺一顆燈泡然後畫畫，雖然這樣也很好用，不過卻出現光線無法照射至整張紙，以及燈泡過熱使得在夏天畫畫變成一件極痛苦的事等問題，且常常不小心碰到而差點被燙傷。

環境2

●接著是個人電腦的環境。雖不少人在此受到許多限制，但老實說不論是Mac或是AT互換機，只要用慣了，那一種都很好。對於堅持一定要使用UNIX或X68000或MSX的人，那只好說拜拜囉!因為我只會使用Photoshop，對於非不能使用Photoshop的電腦，我可是一點辦法都沒有。

關於機材的詳細內容請參考自我介紹的部分。應該到哪兒都沒有問題才是，但正因為太普通而顯得有些無趣。不過記憶體方面應比普通規格多一些，因為描繪CG時，這是必須的部分所以稍微費點心思。至於Graphics Card方面若只畫1280 ×1024 (24 bit)，則4 MB便已足夠。

掃瞄器並不需要非常的頂級。因為利用電腦上色時，也只能使用黑白或灰階而已。最近的掃瞄器性能都相當的好，特價時大約一萬日圓前後就能買到非常好用的機型。當然囉!如果經濟能力許可，也可買個性能超強的掃瞄器。專業的繪圖者有時也需要掃瞄A3尺寸的圖樣，這樣的設備可需要20萬日圓以上，真是名符其實的”專業”價格。

此外還要繪圖板。也有人努力的使用滑鼠的畫，但我卻做不來。雖這麼說，還是要費不少的心力才能運用自如，比所見到的還要困難。大約花一星期的時間不要使用滑鼠，只以繪圖板操作Windows，那麼多少能掌握住使用技巧。我就是這樣慢慢習慣。再來就只有實際的畫、拼命的上色而已。

總之，不論如何這邊所說的環境是好的設備越多越好，不過沒有的話也總是有對應的方法。實際上也有人以Pentium 166MHz、128MB的PC-98製作非常棒的作品，每當看到這種狀況便特別的佩服…。

主題

●那麼開始著手畫吧!不過在這之前需先決定要畫什麼?也就是主題。畫畫的基本程序為「原案→底稿→描線掃瞄至電腦→清除→髒污→著色→背景→完成」。不過在最初的原案前便是主題。

對於主題有些人會絞盡腦汁的想，但這種高難度的主題應交給專家去傷腦筋，您只管輕輕鬆鬆的做即可。因此這次的主題為「可愛的女孩」。

嗯!好像過於完美而理不出頭緒。不過我開始繪圖的契機總是源自於此。老實說我並不想畫強調肌肉的猛男，即使畫了也沒有人會喜歡吧!….所以可別要求我畫那種主題。

但這樣的主題似乎還不夠明確，再稍微增加一些提示吧。先加上「朝氣」，變成「有朝氣、可愛的女孩」。雖然也喜歡有造型的女孩，但我心中所想的主角總是可愛又充滿朝氣的女孩。

再想想還有那些提示。「跳動的」、「小學生」、「少女」、「制服」、「魔法少女」、「兔子」、「星星」、「雙馬尾」、「緞帶」、「性感」。總合這些就變成了「跳動的少女、有兔子、星星及雙馬尾、制服上綁緞帶的可愛的有朝氣的小學女生(略帶性感)」。這下我也糊塗了。算了，總之也不常畫具原創性的作品，所以盡可能在符合上述條件下來進行本次的插畫。

1.原案

接下來決定包含服裝設計及姿勢等等的整個繪圖內容。當然若能連背景也一起考慮是最好不過，但我卻很少在這個階段決定背景……。應該說”沒有”才對，即使畫了也只是想讓自己心安。但是一流的作家似乎都是預想好整個完成圖後才開始作畫，所以盡可能預先設定好會比較好，因此便適當的畫些東西。

真的適當吧………。試著在可能的範圍下加入一些東西，但還是放棄一部分，其中所加上的「星星」、「兔子」看來相當的牽強，算了，就算鑽研這些細節問題也無從解決，因此繼續往下進行吧!

在此決定標題，就是「愛麗斯的夢遊仙境」~~ !但是卻完全不像愛麗斯因此再讓後方的兔子拿著手錶。這樣多少會較接近愛麗斯(大概)。

▲ 本次作品的原始創意草圖

2.底稿

參考剛才的原案製作底稿。為了將來的描線作業，所以需特別謹慎的畫入線條。

通常我總是唰唰的畫線，並不管該從裏面或背面畫起。比如像下述的方式，「在表面畫臉→背面人體素描→表面裸體→背面衣服→表面全體的細節部分」。雖不是完全都如此，但大概是這種感覺。也因為這樣的作業方式，所以沒了描圖桌便畫不出來，真的很令人困擾。至於影響多深遠呢?舉個例子來說，跟同伴一起塗鴉時，大家總會取笑我的畫「太差勁了!」，甚至說我是個不會畫畫的小子……。這些傢伙 ! 給我記住。

▲以原案為基礎製作底稿

3. 原畫(描線)

剛才繪圖時使用的是影印紙，接著便要使用原稿用紙。將底稿放在原稿用紙下方，有迫力的直接以迷你筆描線。這樣原稿便不會被鉛筆的線條弄髒，將來清除髒污的時候會相當的輕鬆。瞧！完成囉！

因為眼睛部分是空白的，所以覺得白白的。從前這個部分也會一併畫上，但最後還是要消掉，所以最近便不再畫。太麻煩了~~

關於迷你筆，通常只要畫5張左右便不能使用，因此一次大都買個5、6支，經濟效益非常的低。就像先前提到的描圖桌，為什麼畫具都這麼的昂貴呢?

▲以迷你筆描繪底稿後成為原稿(需使用描圖桌)

4. 掃瞄及清除髒污

將剛剛描好的原稿以600dpi進行掃瞄。在此針對dpi稍微說明。一般交給出版社時，其必要尺寸為300~400dpi。我想大家對dpi可能較不熟悉，簡單的說如以300dpi讀取A4尺寸的紙張(21.0cm×29.7cm)則為2480 ×3508 pixels，400dpi時則為3307×4677 pixels。也就是畫像的粗細。

若只打算於網路上發表的話，72dpi 便已相當足夠。不過這次想稍微加大尺寸以400dpi進行作業。至於為什麼要以600dpi來讀取，這是因為之後再縮成400dpi，將比直接以400dpi讀取的情況，其線條會更滑順、漂亮。應該還有其他更好的方式，但我只知道這一種。

在讀取後的狀態下，因原畫的修正液的痕跡及掃描器的髒污、雜訊等等將影響將來的著色，所以先消除部分污點以免過於明顯。→1

然後使用「套索工具」圈住人物的周圍，再使用「選取」→「反轉」後，以「編輯」→「清除」進行清除。→ 2、3、4

大概的清除髒污後便可以解除選取。雖然這個動作的處理非常的草率，但總比完成不做來得好。當初之所以使用點陣圖讀取，是因為這樣可減少污點，那麼此處的作業也會較輕鬆。對了，在「清除」選取範圍前需先將背景色改為白色。→ 5

因為背景色若為黑色的話，則整個畫面將被塗成黑色。只要敲一下彎曲的雙箭頭，就能替換描前景色和背景色。因這次的畫像中幾乎沒有污點，所以往後再以「橡皮擦」適當的清除即可。→ 6

對於更細部的污點，於修正線條時再一起處理將更具效率。

①

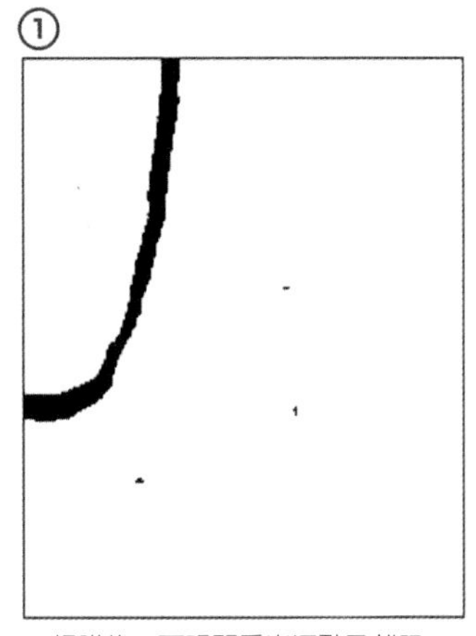

▲掃瞄後，可明顯看出污點及雜訊

② ③ ④

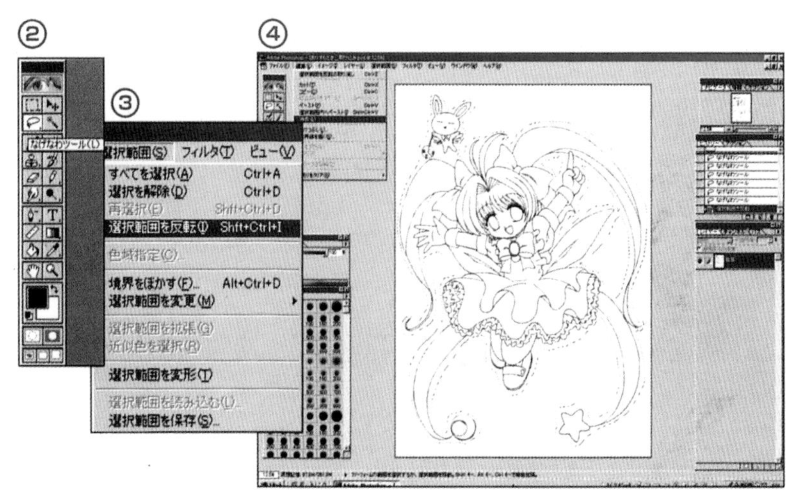

▲以「套索工具」圈住人物的周圍，再以「選取」→「反轉」後，「編輯」→「清除」。

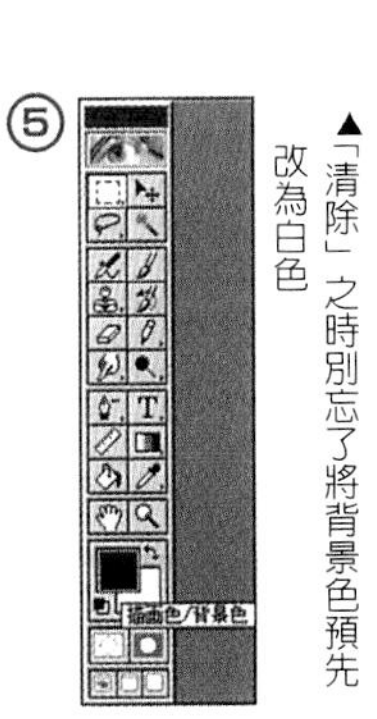

▲「清除」之時別忘了將背景色預先改為白色

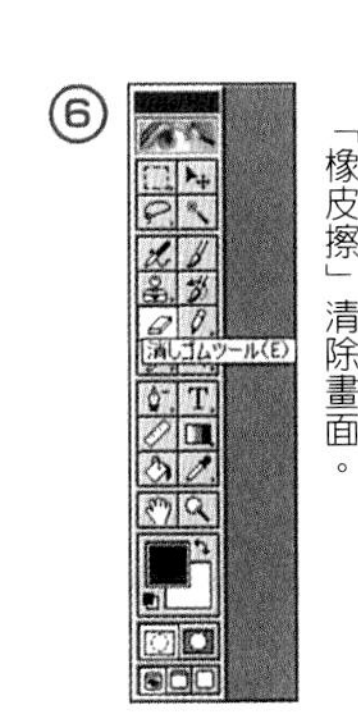

▲這次並沒使用，但有時仍需利用「橡皮擦」清除畫面。

5. 變更解析度及製作線畫圖層

接著變更解析度，還要同時製作線畫圖層(參考「何謂圖層?」)。因為黑白畫面無法進行作業，所以需轉變成灰階模式。灰階的尺寸比例設定為1較適當。→1、2

再來將線畫作成其他圖層。將前景色改成黑色，使用「選取」→「顏色範圍」將朦朧數值定為200，單選黑色部分。→3、4

選定範圍後，新增一個圖層，以「編輯」→「填滿」將選取範圍全塗成黑色。→ 5、6

為確認線畫是否完整無暇，因此在線畫圖層下方再新增圖層，塗成白色。確認無誤後，線畫即算完成。將塗成黑色的圖層改名為「線畫」，塗成白色的背景用圖層則改為「白底」。雙敲圖層，即可更改名稱。→7

因讀取時所形成的「背景」圖層已不需要，所以就乾乾脆脆的刪除吧!→8

然後，將「影像」「解析度」中的解析度調整為「400pixels / inch」，則解析度的更改部分也結束了，接著便是線條的修正。→ 9、10

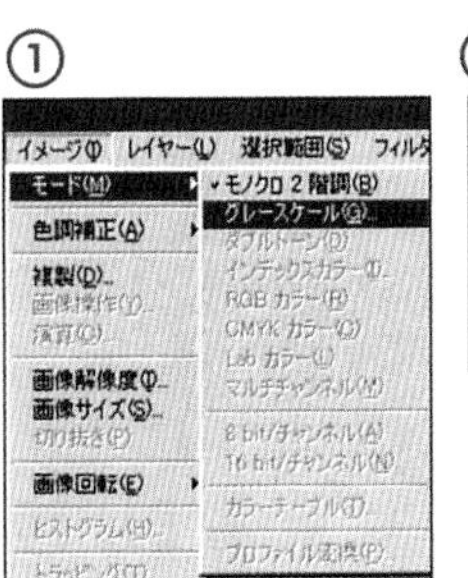

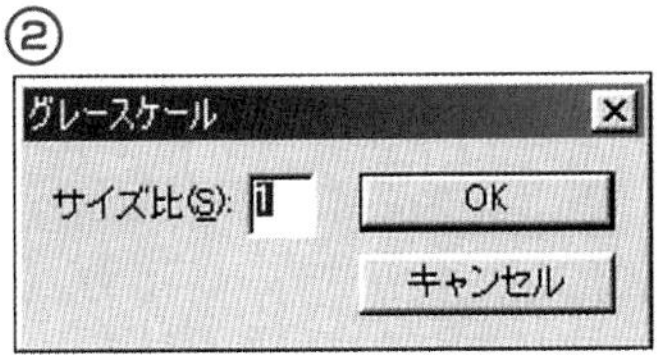

▲「影像」→「模式」→「灰階」，變更成尺寸比例為1的灰階模式。

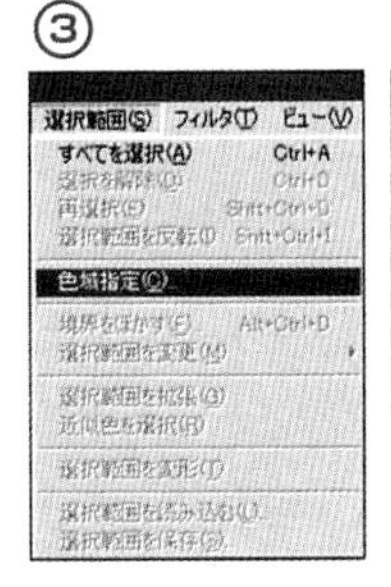

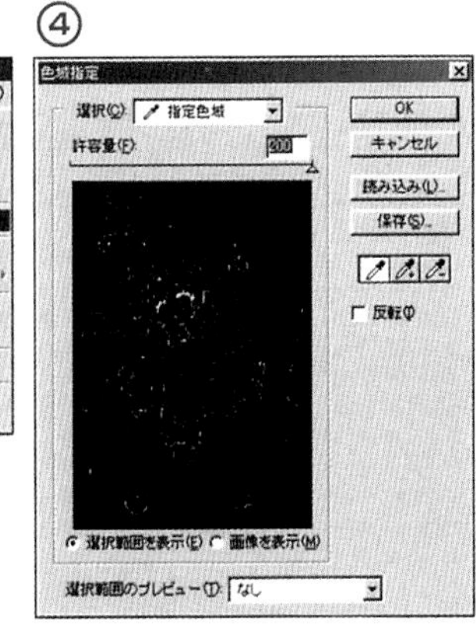

▲「顏色範圍」中的朦朧數值調為200，選擇黑色的部分。

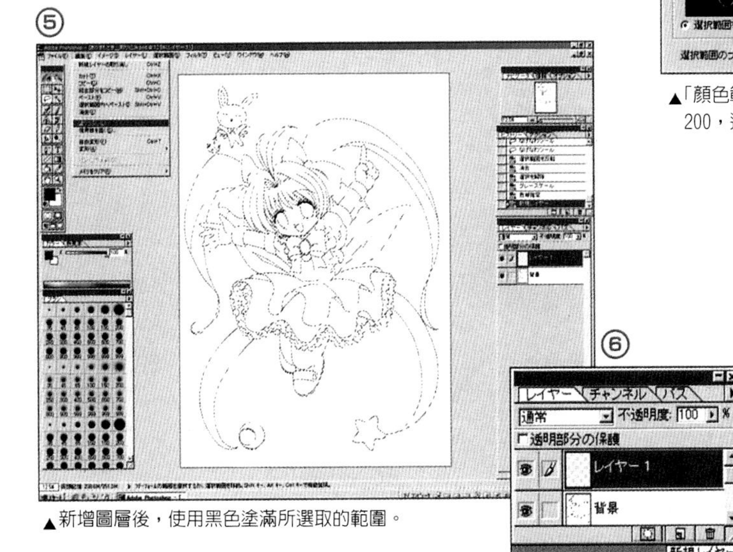

▲新增圖層後，使用黑色塗滿所選取的範圍。

⑦

▲新增圖層選一個容易辨別的名稱

⑧
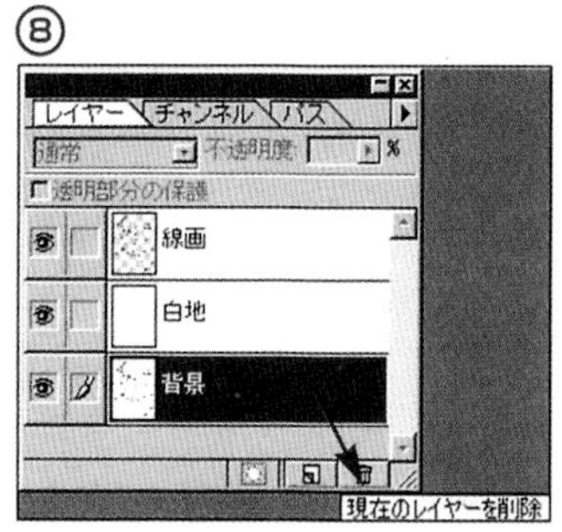

▲「背景」已用不著，所以拖曳至垃圾桶中予以刪除。

⑨
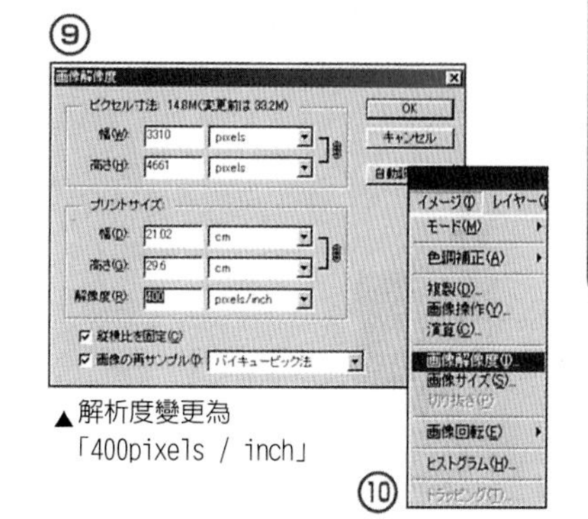

▲解析度變更為「400pixels / inch」

⑩

☆ONE POINT 「何謂圖層?」☆

所謂圖層可解釋為構成卡通影片單元的一張一張的畫像。在最下面圖層(單元)的上方不斷的重疊圖層，最後變成一張圖畫。從視覺上來看便是這種感覺。重疊圖1~圖5就成為圖6。

可由圖層視窗中變更圖層的上下順序，所以可在後面的過程中做各種調整。

図1

図2

図3
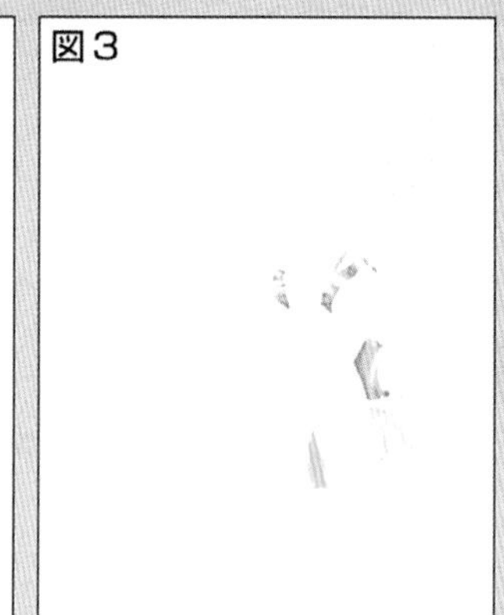

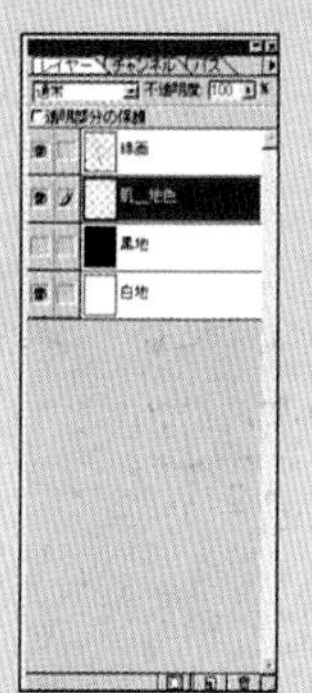

図4
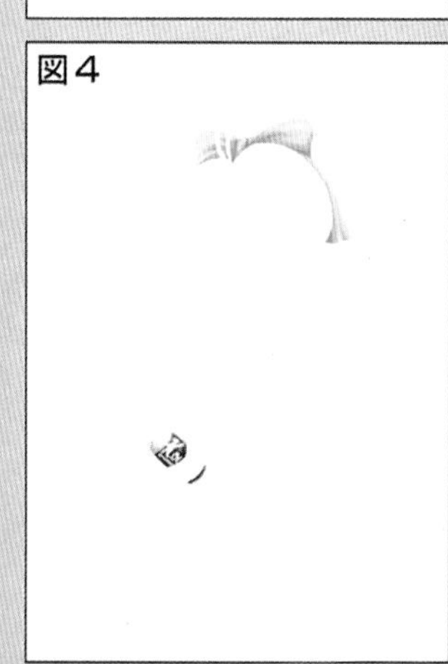

図5

図6

6. 修正線條

老實說修正線條並不是件重要的事。只要描線過程處理得好，甚至可簡單的利用選取範圍，一邊檢查全部線條，一邊清除細小污點、連接斷線。不過像我這種差勁的繪畫者以及掃瞄圖片後才打算修正畫像的人，最好在這個時間一鼓作氣好好修正。因為線畫是所有著色的基礎，當開始進行上色時，便很難再修正線條。

可利用「編輯」→「變形」中的「移動」→「縮放」→「扭曲」→「旋轉」等等加以修正，是不是有很大的改變呢?

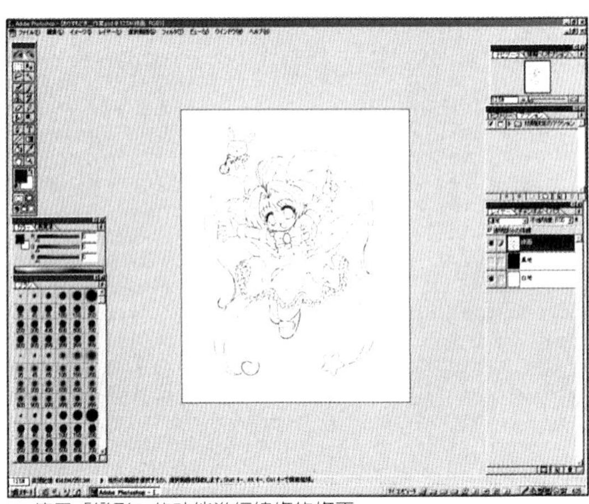

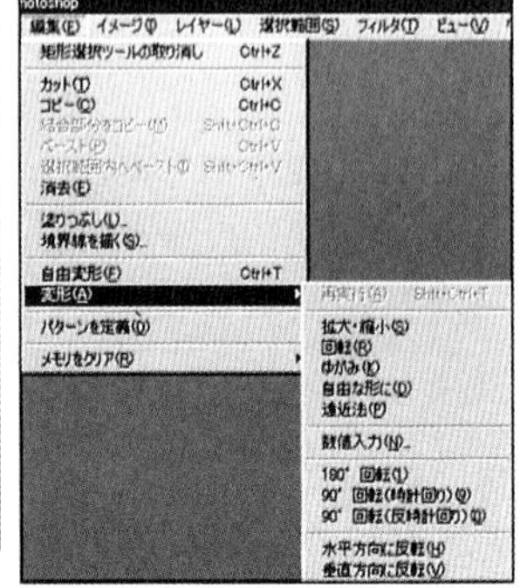

▲使用「變形」的功能進行線條的修正

7. 準備著色

因在灰階模式下並無法著色，所以需使用「影像」→「模式」→「RGB色彩」(或是「CMYK色彩」)，以轉換至可上色的狀態。此時將出現一個對話框詢問是否平面化?請選擇「不要平面化」。

因為我對CMYK模式下的著色並不熟悉，所以改換至RGB模式。但因為印刷時是以CMYK為基本，因此現在更深刻的感覺到不學CMYK似乎……。

基本上此後的作業都是在線畫圖層上進行，因此先在「白底」及「線畫」之間新增一的圖層。啊~對了，在上色之前需先大致決定光源的位置，總之這次是設定於畫面的左上角………嗯~好像一直都是如此。

◀將色彩模式由「灰階」改成「RGB色彩」，不需平面化。

8. 肌膚的著色

首先先塗皮膚。並沒有特別的理由，勉強的說除了背景以外皮膚應是所有東西的基本。大概沒有人會從飾品等先上色吧!總之，先塗塗看再說。於「線畫」圖層中選擇繪圖筆刷工具，選取膚色的部分。之後在「線畫」圖層下方做一個「肌膚-底色」圖層，將剛剛選取的部分全部塗成膚色。→1、2

解除選取範圍後，再選擇「濾鏡」→「其他」→「最小」，稍稍擴大塗色後的範圍。→ 3、4

另外較狹窄的地方因不容易上色，所以請以鉛筆工具更有耐心的上色，不要留下空隙。不過通常膚色為最底層的顏色，如果在其上方還要上色的話，則大筆大筆的塗擦也沒關係。→ 5、6

如此「肌膚-底色」便告完成。→ 7

接著邊考慮剛剛決定的光源邊塗擦陰影。在「肌膚-底色」圖層中使用「選取」→「載入選取範圍」以決定圈選範圍。→ 8、9

這樣便將不能塗色的區域排除於範圍之外，在「肌膚-底色」圖層上方再新增「肌膚-陰影1」圖層，塗擦陰影。塗完「肌膚-陰影1」後，再追加「肌膚-陰影2」圖層，畫上更深色的陰影。這個部分用看的會比文字說明來得快。→10、11、12、13

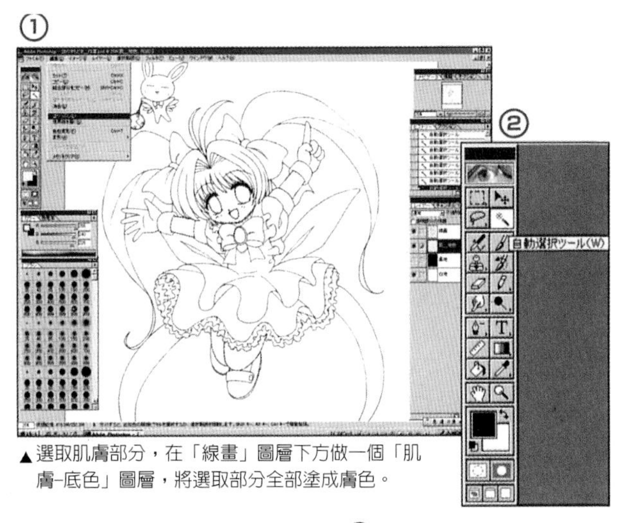

▲選取肌膚部分，在「線畫」圖層下方做一個「肌膚-底色」圖層，將選取部分全部塗成膚色。

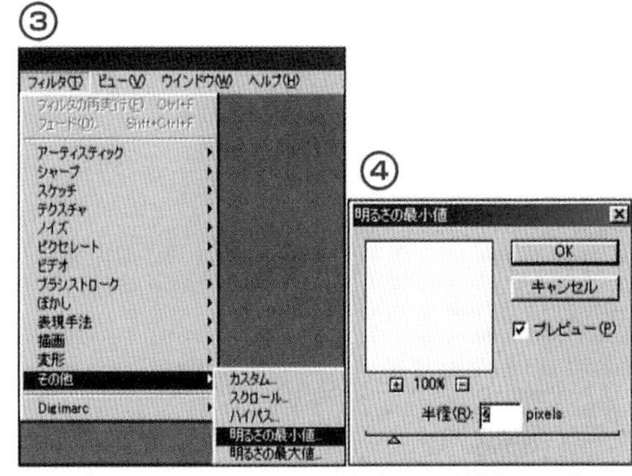

▲解除選取範圍後，再選擇「濾鏡」→「其他」→「最小」，稍稍擴大塗完後範圍。

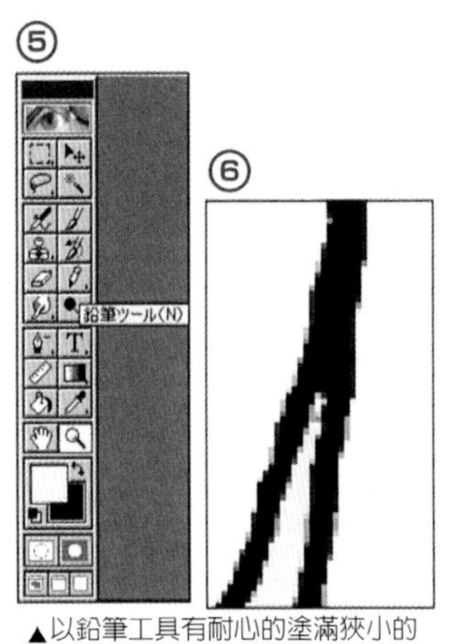

▲以鉛筆工具有耐心的塗滿狹小的地方。

▲完成「肌膚-底色」圖層後的狀態。

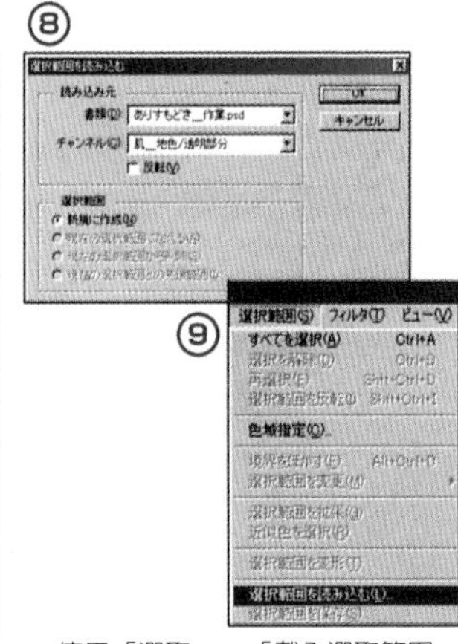

▲使用「選取」→「載入選取範圍」以選取「肌膚-底色」圖層。

▲在此塗上陰影

▲做成「肌膚-陰影1」圖層後上色

▲做成「肌膚-陰影2」圖層，畫上更深的陰影。

▲在臉頰塗上粉紅色等加以修飾。

9. 眼睛的著色

基本上與皮膚的著色相同。但是為了讓眼睛看起來閃耀光芒，所以將瞳孔的亮光置於「線畫」的上方。還有因瞳孔顏色的關係，有時不要只放白色，使用「加亮顏色」功能或許效果會更佳(有時可能會產生反效果)。因眼睛上色方式能凸顯出個人的特徵，因此請多下點工夫盡量表現自己。

▲塗擦眼白部分　▲於眼白處加上陰影　▲塗擦瞳孔

◀有時在瞳孔的亮光處也會使用「加亮顏色」的功能

▲塗上瞳孔的模樣　▲在瞳孔的模樣上再添加陰影　▲加入亮光

10. 休息

呼~ 休息一下吧！好累喲！

現在的感覺就是累。所以塗完眼睛後就只塗了嘴巴。→1、2

圖層的數量看來可真嚇人，若這樣繼續下去，不曉得還要再製作多少個圖層呢?現在可是為了說明，所以才做這麼多的圖層，不過除非電腦的功能很強，否則最好能將眼睛或是皮膚等部分各自分開，然後加以合併。……嗯~~也不是什麼特別的方式。點一下圖層中眼睛圖案旁的連結框框後出現連結環圖樣，然後再敲一下右上方的▲，選擇「合併連結圖層」，便可合併任何想連結的圖層。所以快快的連結，以便早日脫離這種傻瓜狀態。→3

◀本階段的圖層結構

◀於想連結的圖層中按下連結圖案，然後選擇「合併連結圖層」予以合併。

11. 頭髮的著色

是的，最麻煩的便是頭髮了。比起其他部分，其作業量是非常的嚇人。當然，只要更小心的塗，效果也不會太差，但還是很麻煩，因此常常想著難到沒有更好的方法嗎?

雖然頭髮的著色方式與皮膚、眼睛相同，但因為頭髮前端有很多細小的部分，所以在事後常發現遺漏的地方，因此請更謹慎的處理這些部分(請參考「塗擦頭髮時的技巧」)。

如為長髮則長曲線便會增多，將更令人討厭。對於常畫長髮人物的人，似乎大都在路徑下使用「筆刷工具」，但因為我不曉得路徑的用法(沒調查過)，所以只在圖層下作業。

反正並不是因過多的反覆作業而造成困擾，所以努力的擦吧!這部分作業真讓人肩膀酸痛呢!對了!對了!頭髮的亮光部分跟處理瞳孔時一樣使用「加亮顏色」，這部分可需要臨機應變(1~4)。

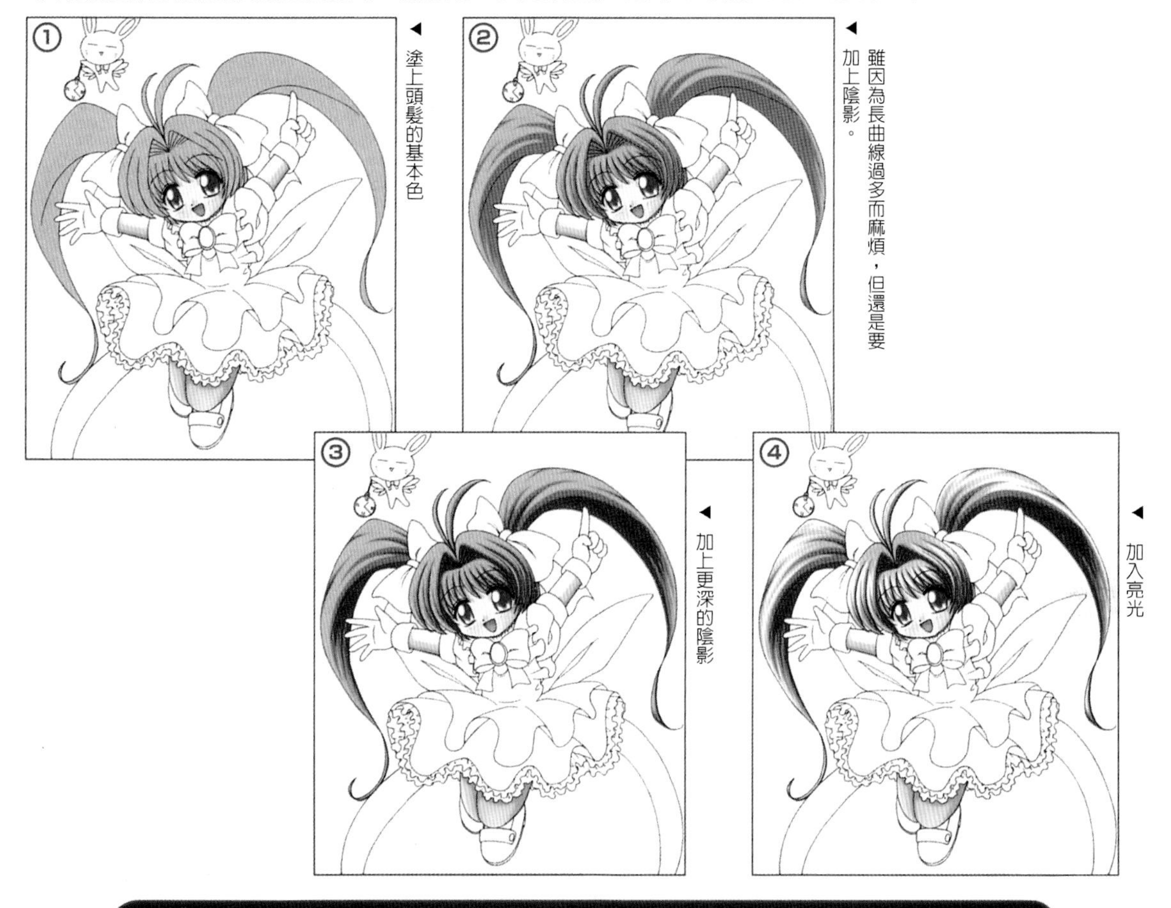

◀ ① 塗上頭髮的基本色

◀ ② 雖因為長曲線過多而麻煩，但還是要加上陰影。

◀ ③ 加上更深的陰影

◀ ④ 加入亮光

☆ONE PIONT 「塗擦頭髮時的技巧」☆

以我的著色方式來看，當碰到狹窄的亮光及陰影部分時，必須比其他部分更費心神。雖可利用橡皮擦及指尖工具做出尖銳的效果，不過這樣也很麻煩。

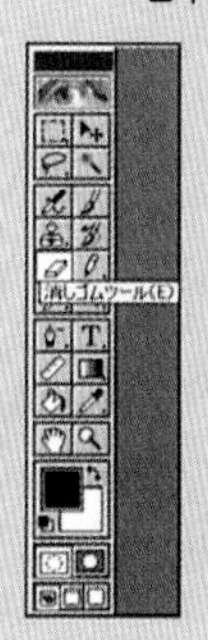

▲使用「橡皮擦」將線條修成尖銳狀，於塗擦頭髮時使用。

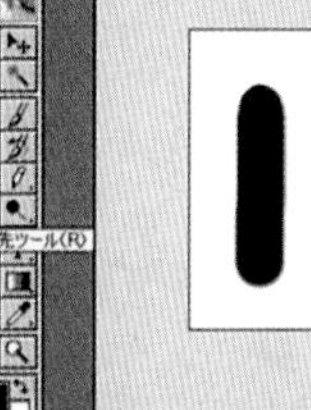

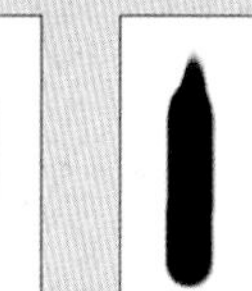
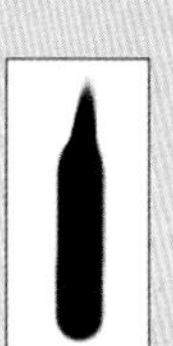

▲使用「指尖工具」將線條修成尖銳狀，這也使用於塗擦頭髮。

12. 衣服的著色

接著塗擦衣服。在所有的人物當中肌膚與頭髮屬於共通的項目，因此可運用許多從前所學到的作業模式，但是衣服方面卻因為每次都不相同，所以特別辛苦。

總之最好能確實的考慮光源的方向，但若覺得陰影的均衡性不好的話，那麼視而不見也可以。(1~7)

不過就是因為這樣的想法，才使得我的上色技巧一直無法進步。

算了，反正又不打算當個著色專家……(藉口)

▲ 在衣服白色部分塗滿白色

▲加上陰影

▲於陰暗處再加上陰影

▲塗滿藍色部分

▲藍色部分同白色一樣需加上陰影

▲加上更深的陰影

▲加進光線。不過從這張畫中很難看出來…．。

13. 其他部分的著色

所以依這個方式塗擦剩下的部分。→1

什麼!!說明不夠詳細!? 嗯 再怎麼說明其方式還是與先前一樣喲 ! 也就是緞帶同衣服、胸針同瞳孔……。對了!有一點忘了說明，就是線畫的顏色。有些人為了讓人物與背景更為融合因而改變線條顏色。通常為茶色的皮膚線條、藍色的頭髮線條則為深藍色。

只不過這樣的畫將因模糊而顯得不足，因此基本上我只修改臉頰的線條顏色。其他則為鬆軟感覺的線條等等。這部分應配合自己的圖案及著色方式，從錯誤中學習。市售的遊戲軟體中大都會改變線畫的顏色。

在此先說明作法，首先先將圖層與「線畫」合在一起，勾選「保留透明部分」。之後再以鉛筆工具塗擦想改變顏色的線條部分，很簡單對不對?→2、3

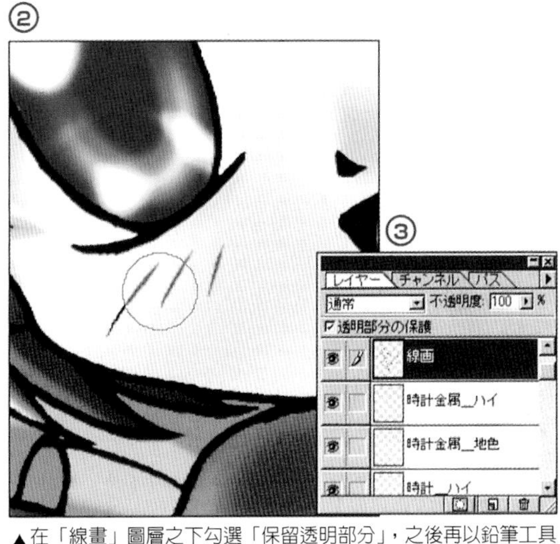

▲在「線畫」圖層之下勾選「保留透明部分」，之後再以鉛筆工具塗擦想改變顏色的線條部分。

14. 完成人物部分

在所有預定合成的圖層中選出連結環符號，那麼將針對被選取的部分進行連結(請參考P136「休息」)。不過因考慮之後與背景的合成作業，所以需先分開女孩與兔子圖層。

首先以「套索工具」圍住兔子，再以「編輯」→「剪下」剪下兔子。→ 1

接著新增圖層(也可稱為「兔子」)，然後以「編輯」→「貼上」貼上兔子。→ 2

因為已分開女孩與兔子的圖層，因此變更位置時將更方便。在此使用「移動工具」便能簡單的變化各種位置。呼── ，已結束人物部分的作業。→ 3

接著為背景。但是背景相當麻煩呢~…。影像又大又不易處理。加油囉~ (鬆軟無力)

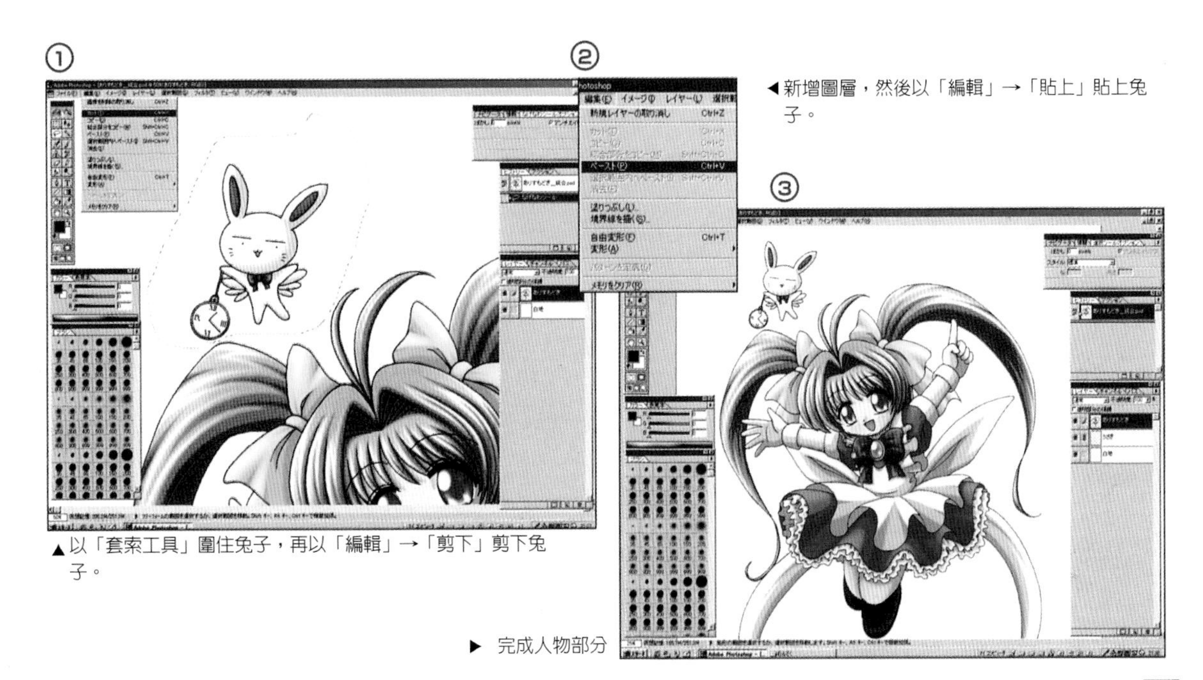

▲以「套索工具」圍住兔子，再以「編輯」→「剪下」剪下兔子。

◀新增圖層，然後以「編輯」→「貼上」貼上兔子。

▶ 完成人物部分

15. 彩虹

從描繪人物的階段開始，便一直感到從宇宙傳來嗶 ！ 嗶 ！ 的感應聲說「背景應畫彩虹」，我根本無法違抗宇宙這般遼闊的意志。

所以，接下來介紹彩虹的具體作法(1~5)。

①

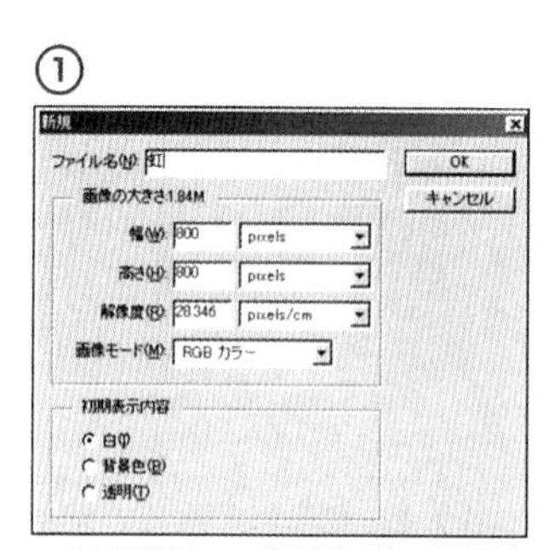

▲以「檔案」→「新增」作一個正方形的新檔案。

②

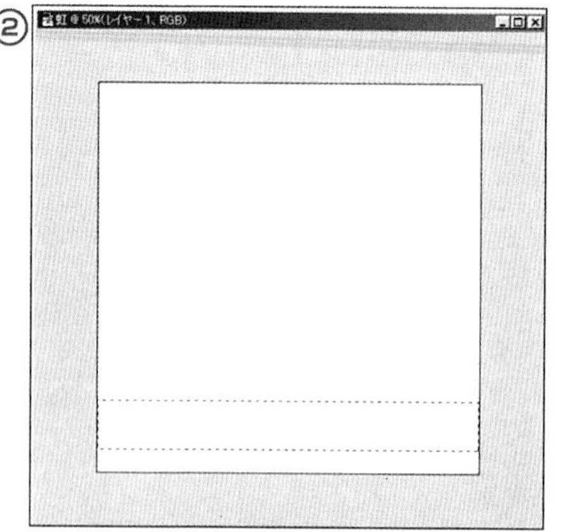

▲於背景圖層上方放置新圖層，在圖層最下方作一個橫向長方形的選取範圍。

③

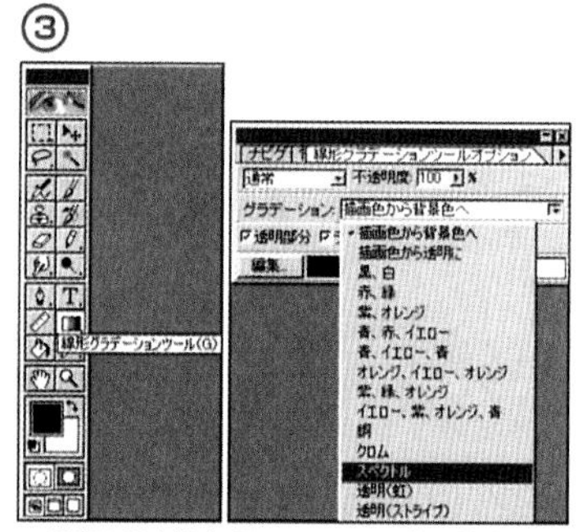

▲選擇「線性漸層工具」，從「線性漸層選項」中選取「光譜」漸層種類。

④

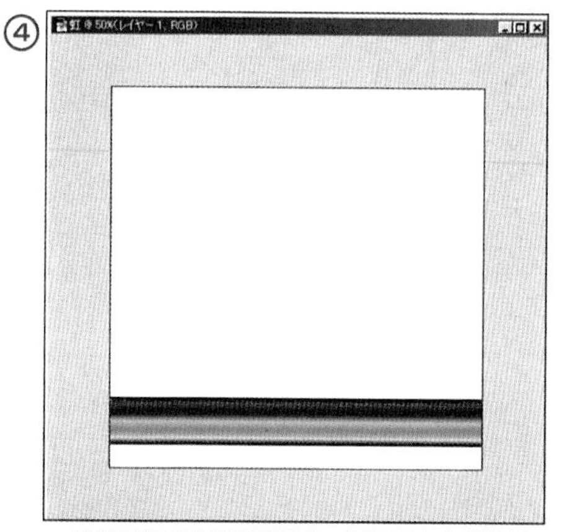

▲於剛剛作成的選取範圍中，以垂直方向從彩虹的起點拖曳至終點，不要超出線外，這樣就能做出一條橫向彩虹。

⑤

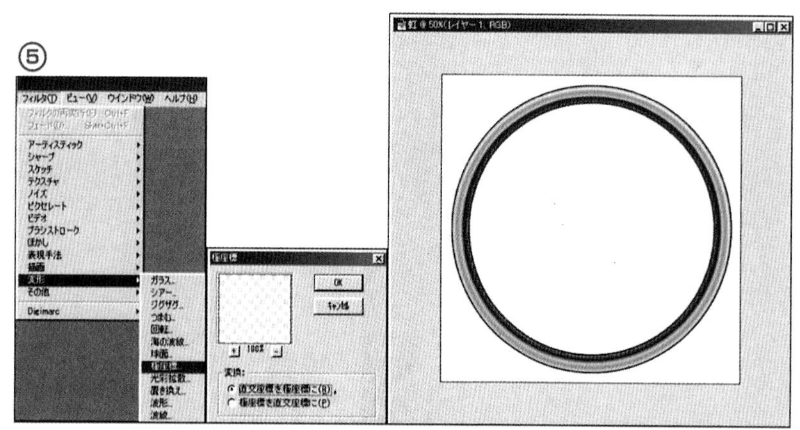

▲「濾鏡」→「扭曲」→「旋轉效果」後選擇「矩形至旋轉效果」，做成一個圈狀的彩虹，儲存後即算完成。

16. 彩虹的配置

已決定將彩虹放置於人物的後方。為能在畫面中同時顯示剛剛做好的人物視窗及彩虹視窗，所以使用「移動工具」拖曳彩虹視窗至人物視窗中放下。→1

因彩虹圖層在人物的後方，因此若蓋住人物的話，可變更圖層順序至後方。

接著是彩虹的變形。使用「編輯」→「變形」之下的「縮放」、「扭曲」等項目，做出各種變形效果。不過放大時，彩虹的邊緣會變成凹凹凸凸、或出現條紋狀，此時，適當的運用模糊效果可加以改善。

選擇「濾鏡」→「模糊」→「高斯」，調整滑桿以決定模糊的狀況。→ 2、3

只有一條彩虹顯得有些單調，因此以相的方式再增加二條。→4

①

▲為能同時顯示人物視窗及彩虹視窗，因此將彩虹拖曳至人物視窗中。

② ③

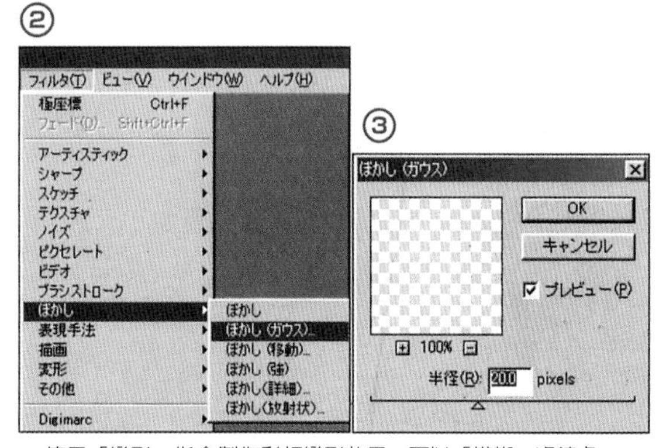

▲使用「變形」指令製作彩虹變形效果，再以「模糊」濾鏡處理。

④

▲完成彩虹背景。

17. 其他背景

因彩虹後方為一片白底，所以決定放置粉紅漸層。選擇「線性漸層選項」下的「前景到透明」項次，讓漸層稍稍斜向左方(參考P140「彩虹」)。→1

因覺得人物好像鑲嵌在背景中，所以稍微作出邊線。新增圖層時，需將人物圖層拖曳至敲擊的地方後放開，這樣就能拷貝圖層。→2

將拷貝圖層放在原本圖層的下方，勾選「保留透明部分」，待全部塗成白色後再解除此項勾選。利用「濾鏡」→「模糊」→「高斯」稍微模糊化。是不是覺得人物較清楚了呢？→3

①

▲在彩虹後方放置粉紅漸層。

②

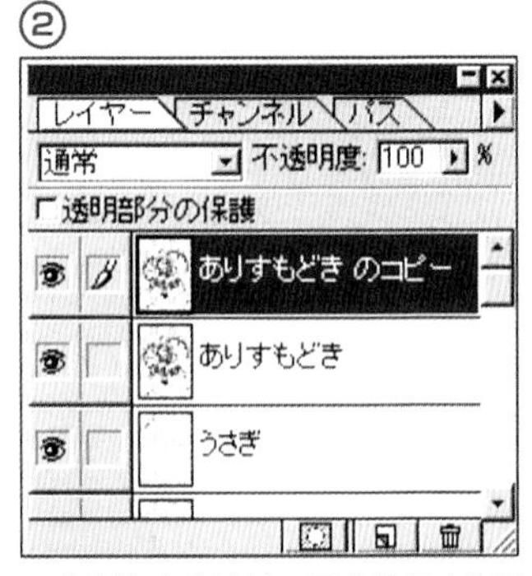

▲為製作人物邊線，因此拷貝人物圖層。將拷貝圖層放在原始圖層的下方。

③

▲將拷貝圖層全部塗成白色後，利用「模糊(高斯)」濾鏡稍微模糊化。

18. 星星

因想在人物前方擺飾星星，所以根本不理會「彩虹與星星可能同時出現嗎?」這個問題。

此星星圖案是從前的手繪資料，已經過掃瞄及細心的修正。將塗成白色的星星跟彩虹一樣加以變形後，再配置於畫面中。→1、2

因覺得星星有些單調，所以再稍微修飾。選取白色星星圖層後敲滑鼠右鍵，再選擇「效果」。這次將加上黃色的邊框。→3、4

其他的星星也採取相同的方式。不過因有些雜亂，所以將最前面星星的透明度降至80%。→5、6

▲將從前的星星圖像塗成白色後，放置於人物的前方。

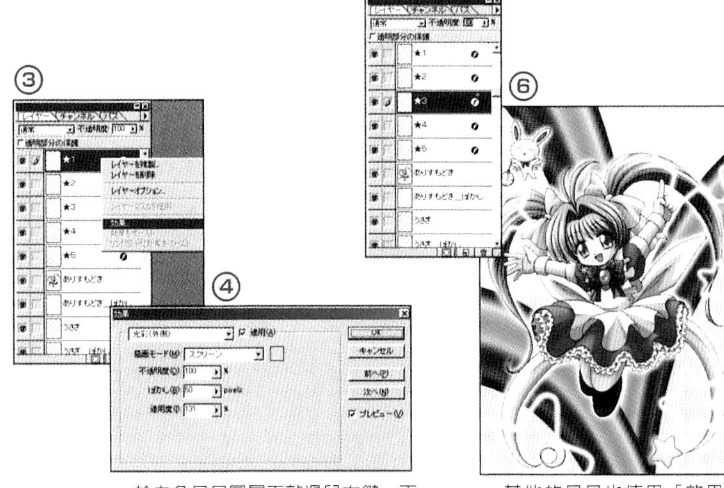

▲於白色星星圖層下敲滑鼠右鍵，再選擇「效果」。這次加上黃色的邊框。

▲其他的星星也使用「效果」功能。

19. 完成

使用「文字工具」放入主題及簽名。決定文字的種類及大小後，輸入文字即可。

此處也可變更顏色。調整好文字的位置及尺寸後，本作品即算大功告成。太棒了 !! 完成囉~~!!

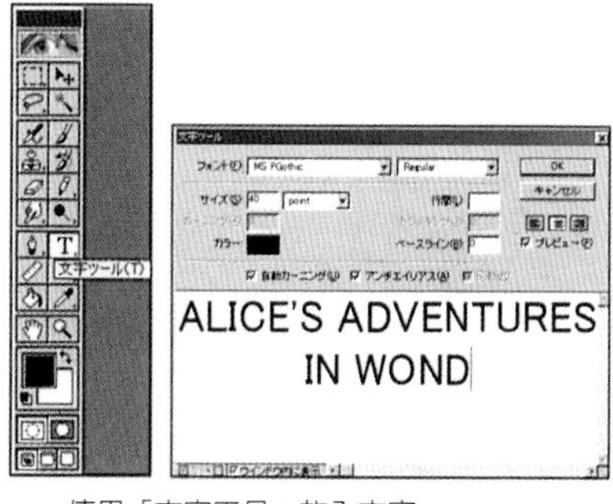

▲使用「文字工具」放入文字。

暫且完成

啊~~終於結束了!沒想到解說製作過程反比實際繪圖還辛苦(而且費時)。平常被問起「如何進行電腦繪圖?」，總是反射性的回答問題，但像這樣將平常的作業程序加以整理後寫出，才發現不知不覺中竟做了這麼多的事情，不禁佩服起自己來，我真是太~厲害了!

當然這之中大部分的技巧都是取自他人，或是運用現成的東西罷了。但只要一想到連我這種不精於繪畫的人，也能將自己的繪圖方式供人參考便覺得高興…，這可是件了不起的事呢!相對的若有人想提出”更好的方式”，也歡迎以E-MAIL或其他方式告知。因為最近技術方面完全停滯不前，所以請多多指教。

BYE — BYE !!

▲背景的彩虹完成了!

Yuuki Kowata

GALLERY

Illustrated by Kowata Yuki

Illustrated by Kowata Yuki

Angel
Illustrated by Kowata Yuki

■後序

每當看到書店中擺滿各形各色的CG相關書籍，便開始懷疑是否有必要再出版技巧續篇。不過在收到此次CG作家的原稿後，卻因為這些更具技巧性、新穎且有趣的作品而下定決心。同時腦海中也浮現「POWER UP」的字眼。想必讀過本書的人一定也有深刻的體會。

雖因內部問題無法將書名定為「美少女電腦繪圖技巧2」，不過本書的確相當符合「POWER UP」(能力提昇)這句話，這全得歸功於參與本次編寫的KETAO、SUZUKI、KAZUMI、成瀨、加藤、砂原、悠紀等CG作家，在此謹向他們致上由衷的謝意。

美少女
電腦繪圖技巧
實力提升

定價：450元

出 版 者：新形象出版事業有限公司
負 責 人：陳偉賢
地　　址：台北縣中和市中和路322號8F之1
電　　話：29207133・29278446
F A X：29290713

原　　著：伊藤秋
編 譯 者：新形象出版有限公司編輯部
發 行 人：顏義勇
總 策 劃：陳偉昭
文字編輯：洪麒偉

總 代 理：北星圖書事業股份有限公司
地　　址：台北縣永和市中正路462號5F
門　　市：北星圖書事業股份有限公司
地　　址：永和市中正路498號
電　　話：29229000
F A X：29229041
網　　址：www.nsbooks.com.tw
郵　　撥：0544500-7北星圖書帳戶
印 刷 所：皇甫彩藝印刷股份有限公司
製 版 所：興旺彩色印刷製版有限公司

行政院新聞局出版事業登記證／局版台業字第3928號
經濟部公司執照／76建三辛字第214743號

西元2001年9月　第一版第一刷

國家圖書館出版品預行編目資料

美少女電腦繪圖技巧實力提升／伊藤秋原著；
新形象出版事業有限公司編輯部編譯. -- 第一版。
--臺北縣中和市：新形象，2001〔民90〕
面；　公分

ISBN 957-2035-11-8（平裝）

1.電腦繪圖

312.986　　90013263